U0180671

颠覆

人力资源管理新实践

喻德武 著

NEW HUMAN RESOURCE MANAGEMENT PRACTICES

中国铁道出版社有限公司
CHINA RAILWAY PUBLISHING HOUSE CO., LTD.

内容简介

今天的组织形态和人力资源结构发生了深刻变化，许多人力资源管理者面对现实问题束手无策。

本书系统论述了战略、组织、文化、团队、工作设计、人才配置、绩效和相关配套制度，颠覆了传统人力资源管理观念，一针见血地指出人力资源管理实践的痛点和症结，告诫今天的企业管理者要与时俱进，转变角色、升级认知，不可陷入盲目自信和专业深井，并提出了全新的、具体的实践方法。这是一本既有高度又接地气的管理手册。

本书语言简洁精炼，内容丰富有趣，适合企业人力资源管理人员、人力资源管理咨询公司人员阅读。

图书在版编目（CIP）数据

颠覆：人力资源管理新实践 / 喻德武著．—北京：中国铁道出版社有限公司，2020.8

ISBN 978-7-113-26875-6

Ⅰ．①颠… Ⅱ．①喻… Ⅲ．①企业管理－人力资源管理－研究－中国 Ⅳ．①TP18 ②G891.3

中国版本图书馆CIP数据核字（2020）第078368号

书　　名：颠覆：人力资源管理新实践
　　　　　DIANFU : RENLI ZIYUAN GUANLI XINSHIJIAN
作　　者：喻德武

责任编辑：王　佩　　　**读者热线：**(010)63560056
责任印制：赵星辰　　　**封面设计：**仙境

出版发行：中国铁道出版社有限公司（100054，北京市西城区右安门西街8号）
印　　刷：北京铭成印刷有限公司
版　　次：2020年8月第1版　2020年8月第1次印刷
开　　本：700 mm×1 000 mm 1/16　**印张：**12.75　**字数：**196千
书　　号：ISBN 978-7-113-26875-6
定　　价：55.00元

前　言

我国人均寿命在逐年提高，人口出生率在逐年下降，综合文化素质在不断提升。这些迹象表明，我国的人力资源结构正在发生深刻变化。

一方面，企业用人从追求数量到追求质量转变，用工形式更加灵活和多元化，内部组织形态也在不断演进、演化。另一方面，每个人的职业生涯也在延长，“自由职业”“副业刚需”等成为许多人的追求，个人品牌和个体价值受到空前重视。

今天企业与个人的关系，已不再是简单的劳资雇佣关系，而是演变成了合作乃至合伙关系。

那么，如果人力资源管理者还在沿用旧思维和老办法，是很难做好人力资源管理的。是时候颠覆传统人力资源管理模式了，必须跟过去那种功能导向、模块划分方法的人力资源管理说再见了！

今天的人力资源管理者，必须要有客户意识，要有系统化思维，要能够从战略全局着眼，从具体实践着手。

- 从重视稳定的组织结构、以岗定人到重视发挥员工主观能动性，因人设岗定任务，发挥各自所长；
- 从严格管理、考核人力资源产出转变为人才提供有利于发挥创造力的工作环境和条件，在人力资源投入和产能上下功夫；
- 从控制型人力资源转向激活型人力资源，真正实现人才与组织的双赢。

多年来的人力资源管理实践，让我有一个深切体会，那就是如果仅仅把眼光放在人力资源管理专业角度，是很难做好人力资源管理的。因为人力资源管理的背后是一个系统，我们只有弄清楚这个系统，工作才有方向，所做的事情才有意义。

比方说，要了解事业从无到有是如何构建起来的，我们必须重视观念、信仰和知识的巨大作用。除此之外，我们要明白人力资源管理工作怎样起步，怎样从 0 到 1，又如何从战略、组织、文化、团队、岗位、绩效、工作、机制等各方面做好体系化的工作。

希望读者看完本书，能对你的管理工作有启发和帮助，同时也请指出本书的问题所在，我们一定虚心接受，争取做到共同进步。

编者

2020 年 3 月

目　录

第一章　战略定力：不变和升级

在今天的公路上，你是看不到马车的，因为马车属于被淘汰的交通工具，但交通需求却永远存在。

任何一家企业，其存在的价值就是在不断满足未被满足的需求，为了满足这些需求所做的一切活动，就是作为营利性组织的主要事业。如果这些需求不真实或者我们提供的产品或服务不匹配，就会造成社会资源浪费，不能创造出应有的价值，那这项事业就会岌岌可危，组织便无从谈起，人力资源管理也失去了意义。亨利·福特曾说过一句话："世界之所以需要汽车，是因为有人需要汽车，而不是因为汽车制造商需要钱。"我认为很有道理！

第一节 需求永远存在，变化的只是形态

企业估值，关键看“头部”

看一家企业好不好，关键看人。但“人”是一个抽象的概念，具体来说，看一家企业好不好，首先要看这家企业的“头部”——老板或者一把手。

看老板能不能成就一番事业，主要看他本人行不行，然后看他的团队行不行。

一位朋友在私募股权投资领域干了十年，至今已帮助好几家企业成功上市。他把企业比喻成一个人，主要看两个部分：一个是头部，即创始人；另一个是腰部和腿部——这家企业的中层和基层员工。他们先看头部，然后再看腰部和腿部，看完腰部和腿部后，再回来看头部。这样看的逻辑是验证头部说的话是不是一致。

他们对投资标的企业，很看重两条指标。

一是看这家企业人员是不是年轻？要针对全体人员做年龄统计分析，上

至董事长、总经理，下到哪怕一个清洁阿姨，都要算进来，然后进行算术平均，如果平均年龄超出了他们设定的范围，那他们就不投这家企业。他们的逻辑是：一个企业的发展，要靠年轻人和未来的管理者，要有让年轻人脱颖而出的机制，因为他们不是看中当前是否盈利，而是看未来盈利的潜力。

年轻人有干劲、有闯劲，潜力大，后劲足，我们不培养他们培养谁呢？哪怕他们经验不足、能力不够、会犯错，但是每个人不都是这么过来的！况且，有经验和能力的管理团队在掌舵，在方向上不会出什么大问题，所以要大胆启用年轻人！

二是看这家企业舍不舍得分钱。就是要问员工的薪酬构成，收入来源是怎样的？员工有没有奔头？如果老板不舍得分钱，即便这家公司业绩再好，财报再好看，他们也不会投。他们看的不是当前赚了多少钱，而是看赚钱的机制是否可靠；不是看那些业绩数字，而是看业绩数字背后的东西。

他们看头部的逻辑也类似：要年富力强，要舍得分钱。他们投的一家企业，创始人 37 岁，海归博士，做事专业、可靠，在人才上面很舍得投入，高薪酬、强培训，但在其他方面花钱又非常谨慎，会考虑得很全面，不会做出冲动决策，这种创始人他们最喜欢。

按照他们的说法就是，创始人很强，即便在这件事情上做不成，也一定会在另外的事情上做成，无论大成还是小成。

创新是一把手工程

彼得·德鲁克在《管理的实践》一书中提出：营销和创新是企业的两项基本功能。这两项功能是实实在在的“一把手工程”。

创新，无论是技术创新、产品创新还是商业模式创新，都离不开客户，所有的创新都必须紧紧围绕满足客户需求来进行，因为创新的依据只有一点：满足需求以及满足需求的方式。

所以看头部有很重要的一点，就是看一把手有没有“企业家精神”，这是与商人有着最大区别的地方。

2017 年 9 月，国务院专门下发了《中共中央国务院关于营造企业家健康成长环境弘扬优秀企业家精神更好发挥企业家作用的意见》（中发〔2017〕25号），肯定了“企业家是经济活动的重要主体”，要加强“优秀企业家的培育”、弘扬企业家精神，为企业家创造更有利的社会法治环境和市场环境，上升到了国家政策层面，可见倡导“企业家精神”的重要意义。

那么，什么是企业家精神？

法国早期经济学家让·巴蒂斯特·萨伊认为，企业家就是冒险家，是把土地、劳动、资本这三个生产要素结合在一起进行活动的第四个生产要素，企业家承担着可能破产的巨大风险。

英国经济学家阿尔弗雷德·马歇尔也认为，企业家是以自己的创新力、洞察力和统帅力，发现和消除市场的不平衡性，为生产过程提出方向，使生产要素组织化的人。

美国经济学家约瑟夫·熊彼特的“企业家”定义最为经典。熊彼特认为，企业家是不断在经济结构内部进行“革命突变”，对旧的生产方式进行“毁灭性创新”，实现经济要素创新组合的人。

他归纳了实现经济要素新组合（也就是创新）的5种情况：①采用一种新产品或一种产品的某种新的特性；②采用一种新的生产方法，这种方法是在经验上尚未通过鉴定的；③开辟一个新市场；④取得或控制原材料（或半成品）的一种新的供应来源；⑤实现一种新的产业组织。

彼得·德鲁克还曾指出：企业存在的目的就是创造顾客。许多人可能认为这是说大话，满足顾客需求就不错了，还创造顾客？

我想拿亨利·福特说的一句话来加以说明：“如果我不高于消费者的话，我永远不能为消费者服务。为什么？当我问大家要什么东西的时候，大家一定会说我要一匹更快的马，不会说要汽车。”

从无到有，需求往往不是盯着现有的东西，而是创造出新事物——从一个构想、观念开始。“只有企业家才能创造企业”，洞察未来，创造需求，这就是企业家精神！

寒冬来临不要怕，最重要的是视问题为机会，这就是为什么我们要呼唤企业家精神的真正原因。

“老板”应成为最大的推销员

这里的老板是“一把手”或者“具有最终决策的领导”的统称。

老板一般可以划分为管理型和业务型，这两种老板各有优势，问题在于有的老板忽视业务，有的老板忽略管理，这两种都存在一定问题。

尤其在企业不同的发展阶段，这样的矛盾会愈发显得突出。我们常常可以看到：管理型老板，公司运行得井井有条，但是业绩很难上一个台阶。业务型老板则不一样，冲在前线，密切联系客户，能够保持市场敏感度。无论在什么时候，企业经营都要优先于内部管理，因为，企业内部都是成本，企业首先要解决生存问题，然后才能保证持续发展。

当企业发展到一定阶段，业务稳定的时候，很多老板往往从业务型转变为管理型，但是他仍然需要花几乎一半的时间去见客户，像华为、中兴这么大规模的企业，其创始人几乎每年花一半的时间会见重要客户。

可以说，老板的时间花在什么地方，企业就会长成什么样子。

老板成为最大业务员的好处，就是能够让很多事情推动起来相对容易，因为老板可调动的资源是不一样的，这才是真正地对客户负责。

至于那种组织设计的倒三角模式，意思是去掉“长官意志、行政指令”这个中心，充分发挥一线“作战”人员的灵活性，转变为“以客户为中心”。想法是好的，但是并不适用于多数企业，因为这要有一个前提，即一线“作战”人员是训练有素并能快速做出正确判断，包括商业、职业、专业上的训练，否则就会把灵活性变成混乱无序乃至各自为政。

所以，那种盲目模仿华为、海尔这样的大企业，寄希望于基层员工、前线员工贴近客户，而老板自己离客户渐行渐远，只是想通过“放权”和“授权”来解决问题，最有可能南辕北辙、得不偿失，必然与战略目的背道而驰。

为什么很多企业的管理一抓就死、一放就乱？因为员工习惯有主心骨，不管就会各行其是，“山中无老虎、猴子称大王”，造成“军阀”割据和山头林立。

以客户为中心的正确做法应当是：老板要成为公司最大的业务员和推

销员，成为第一时间连接客户需求的人。尤其是创业阶段，可以说一把手决定企业生死，只有发展到一定规模和阶段才能逐渐放权，形成良好的治理模式。

什么都在变，唯独人性没有变

从“百团”大战到“共享经济”，从“互联网+”到“区块链”，新概念一拨接着一拨、层出不穷，让人目不暇接。

可回过头来一看就会发现，当你在追风的时候，却发现风口已经不见了踪影，多少企业在追逐的过程中迷失了方向。

不管把美食“PS”得多么秀色可餐，但隔着屏幕还是吃不到；不管孙悟空会多少变法，还是改不了毛手毛脚的猴性。

市场风云瞬息万变，大家都在谈论如何适应新变化，可变化总是那样不可捉摸，稍不留神就倏忽消逝。这时候是否应该逆向思考一个问题：究竟什么是不变的？

如同一家企业的估值，表面上要看它讲的故事动不动听，有没有想象空间，但内里还是要看它的产品或服务是否受欢迎，财务状况是不是良好，这是公司的基本面。

其他都可以变，但基本面不能改变。那管理的基本面又是什么？

尊重个体差别

时常听到一些管理者抱怨：“现在的人真难管，总是由着性子，工作全凭心情，哪天心情不好，直接不来上班，电话都不打一个，你说重一点吧，他直接甩脸走人。这些人骂不能骂，打不能打，真没法管。”

人为什么难管？有人说，难就难在每个人的思想、性格和志趣都不相同，你想要让手下都按照你的想法来当然很难。人难管的根本原因就是你老想着去管人，这是一种控制心理，而人又最讨厌被人管，这是一种逆反心理，控制与反控制，体现出来的是人性的博弈。

谁也不是异类，只是管理者管人的思维太过陈旧而已。

当然，纯粹谈人性，很难解决实际问题，毕竟人性带有普遍性，而个体差别很大，让不同的人做相同的事，结果有很大不同。

换句话说，人性趋同，但每个人的志趣、能力、性格有不同差异，这就是不变的人性与丰富多彩的个性。

什么都在变，尚有人性没有变

人性是复杂的，但还有比人性更复杂的存在。

因为我们所说的人性都是基于“智人”这个前提条件的。在人类历史上，除了智人，还曾经存在过其他跟我们不太一样的人类，比如尼安德特人、苏美尔人。

西方管理学有X理论和Y理论，后来又有Z理论，这些理论都有可取之处，但在实践过程中又觉得并不完全是那么回事——理论泾渭分明，但现实很混沌。

所以，我们不妨换个说法，人性很复杂。人性中有懒惰、贪婪、嫉妒的一面，也有执着、信赖和追求美好的一面，而且每个个体都可能有很大的差别。也可以说，人本身是一个复杂矛盾体，是自然演化的结果。从文化观念上来说，人是天使和魔鬼集于一身，人性中的很多固有特性都是对立统一的关系。

关于人性的理论，绝大多数都是局限于“智人”这一生物特征身上的。

随着科技发展，有没有可能从基因技术上，造出生物意义上的超人？应该说人类具备这个技术能力。“超人”的最大不同在于他有一整套的生化机制，包括生活习惯、思维方式、情感模式，都与智人截然不同。

所以人性理论只是针对“智人”而言的，针对“超人”则不再适用。

管理反人性吗？

曾有人说“管理反人性”，这其实经不起推敲。

秉持“管理反人性”的观点，理由是“人不喜欢管人，也不喜欢被人管”。

但不喜欢并不代表不应该，也并非代表不合理。人对管理有抵触情绪，这是自然反应，但更多的时候，个人是在管理过程当中获益，或者说这是“群体生存必须”，否则很难存活。

管理一家企业，不是“你爽我爽大家爽”，而是要成长——企业和员工共同成长，而在成长的过程中，员工感到快乐、有喜欢做的事，也可能有委屈、有不喜欢做的事。但不喜欢不代表拒绝去做，有追求和目标的人，本身就会有驱动力。

比方说，企业让我每天去坐班这件事让我不爽，这样太不够“人性”了，最好能在家里“远程办公”多好啊，只要给结果不就行了？但你会发现，你在家里根本没法办公，整个氛围都不对——没有监督的环境很容易让人偷懒，对缺乏自律的人来说是个灾难。

那么，管理究竟是顺应人性还是反人性？从终极价值上来说，是顺应人性的，因为人会为了取得成就，以及实现未来更大的目标，愿意牺牲掉眼前的安逸。

比方说，那些在荒野中数年如一日的坚守岗位，兢兢业业工作，“支援三线”的科研工作者，他们就是快乐的——在工作中获得了快乐。

对于追求享乐价值的人来说，管理肯定是反人性的。

比方说，让一个不喜欢读书的人读书，他会感到很痛苦。这里面的痛苦包含两层：

第一层，你强迫他读书。强迫这种行为让他很反感，未必是读书本身会给他带来痛苦。

第二层，是读书本身带来的痛苦。尤其是学不进去的时候，会感到很痛苦。

对于缺乏自律的人，如果没有管理约束，就会走向放纵，对整个群体是有害的。所以说管理反人性，有点耸人听闻。

抓住管理根本

任何东西，我们不能只看手段，还得看目的。

管理的目的是什么？管理的目的是要达成预期目标，比如产生社会效益、经济效益、实现愿景等。

所以在管理导向上，要发挥人性中积极的一面，避免或消除消极的一面，这就要想方设法调动人的积极性。

如果管理的目的是为了制约员工发挥才能、防范员工“争班夺权”，那这个出发点就有问题了；反过来，如果管理的目的是为了提升劳动生产率、让员工有更好的待遇、过上更优质的生活，就不能归结为违背人性。

因此，管理制度设计，不能仅仅为了满足个人本能，总想着让人躺着都能赚钱，而是要适当兼顾社会组织规范。

人性要疏导，也要折腾，但不能纵容；个人的需求要满足，但不能建立在损害他人利益的基础之上，这是管理的原则。

水无常形，法无定法。管理方法会随着具体情况不断调整，而管理的本质是相通的，要抓住相对不变的人性，设计良好的机制，因势利导，让人们克服懒惰消极的一面，表现积极向上向善的一面，这就抓住了管理的根本。

以客户为中心，持续创造价值

老子说：“后其身而身先，外其身而身存，以其无私，故能成其私。”企业就是要为客户和合作伙伴创造价值。

“唯上”是许多企业管理的通病

一个 HR 告诉我，他们企业员工的离职率很高，除了经常加班以外，问题就出在强势的企业文化上：上班必须穿工衣，迟到一次就扣钱，还全企业通报，哪怕老板乘个电梯，一般员工都不能再上去，否则就是冒犯了老板权威。更可笑的是，企业有一条价值观叫作“客户至上”，但企业却处处体现出“老板至上”的文化。

只有企业家才能创造企业，如果这个论点成立，那么“老板至上”的理念似乎无可厚非，不过老板与企业家的距离，还差几个层次。

以老板为中心会导致什么后果？就是一切都听老板的，不能有自己的独立思考，甚至丧失行动能力。老板“一贯英明”是没错的，但是一旦发生错误，损失也会巨大，甚至造成了不可逆的后果。况且在组织层面，“老板至上”会助长拍马屁和“唯上”的作风，会扼杀创新。那么，这家企业真正有干劲、能创新的员工就会有很多忌惮，不愿意真正贡献自己的全部聪明才智。

“唯上”现象背后的评价模式

“上有所好，下必甚焉。”“楚王好细腰，宫中多饿死。”比方说，有人向老板提供一份报表，必须揣摩老板的心思，看他喜欢什么样的，这就是投其所好。

雇员害怕交付的东西让老板不满，这会影响到他的考核，甚至担心还能不能干下去，这就决定了他不得不揣摩老板的喜好和心思。

现实中就有这样的案例，某部门负责人做了个考核方案，我提议征求一下相关部门意见，结果他很反对，说应该我们定了就好。他担心把方案拿出来怕大家说方案不好，这样会影响他在大家心目中的评价。

其实，老板作为雇主，寄希望于普通员工跟他想法一致是不现实的，即便是合伙人级别的人，也会各有各的心思和诉求。

所以，对员工来说，对老板投其所好很正常，因为他是从老板这里拿工资的，让他不投老板所好，而投客户所好，即所谓屁股对准领导，脸部面向客户，这只是说说而已。

因为职业员工的逻辑很简单：谁给我发工资我对谁负责。所以老板第一，客户第二就更符合实际。单纯要求员工对客户负责，很可能会遭遇信任危机，尤其企业利益与客户利益相冲突时表现得尤为明显，这个时候就真的考验企业的价值观了。

究其根源，这还是二元结构——老板和员工决定的，因为缺乏有公信力的第三方评价机制，就很容易造成评价模式不合理，必然造成“唯上”。

谁是我们的客户？

“客户至上”“客户第一”这类思维揭示了商业组织的真相，没有客户意识，才会各自为政，才会出现相互指责、自以为是这种怪现象。

在很多时候，我们都把“客户”理解错了。我们总认为把购买我们产品的人当作客户。是的，这没有错，但是这远远不够，在组织内部，究竟谁才是我们的客户？有人说是上一流程的人是客户，有人说老板是客户，有人说业务部门是客户。

我的理解是，每个同事，不管是上级还是下属，不管是本部门还是跨部门的同事，都是潜在的客户。因此我对客户的理解就是向你提出需求的人。

也就是说，在组织里，客户不是固定一成不变的，客户这个角色在不断变化，甚至会相互转换：这一刻对方是你的客户，下一刻你就是对方的客户，判定标准就是是否对你提出了需求。

比方说，IT（Internet Technology，互联网技术）开发部门要招人，向招聘经理发出招聘需求，这时候，IT 部门的需求方是招聘经理的客户，没过一段时间，招聘经理需要一个线上招聘面试流程系统，于是，便将这种需求发给了 IT 开发部门，这时候，招聘经理又成了 IT 开发部门的客户。在互联网组织里，没有人能天然一直享有“客户”的位置。所以，在组织内部，不能老是把自己当客户自居。

以客户为中心形成评价闭环

员工面向客户，企业管理当局要给予必要的信任，但最重要的是要建立一套能够自行运转的评价体系。

例如网约车，司机要对乘客负责，乘客满意度打分会影响到他的持续接单和收益，同时司机也要接受网约车平台的监督，保证守住底线，这样就形成了一个评价闭环系统。

同时，高层管理人员应该充当“客户代理人”，体验用户需求，然后带头服务客户。

彼得·德鲁克曾说："管理层的出发点应该落在客户认定有价值的方面。出发点应该是这样的假设，即供应商不卖的，就是客户需要的。"

华为的创始人任正非也曾说："华为文化的特征就是服务文化，谁为谁服务的问题一定要解决。服务的含义是很广的，总的是为用户服务，但具体来讲，下一道工序就是用户，就是您的'上帝'。您必须认真地对待每一道工序和每一个用户。任何时间，任何地点，华为都意味着高品质。"

因此，以客户为中心是一条永不过时的原则，具体到人力资源管理上，应当以人才为中心，尊重专业、尊重知识。

第二节 人力资源管理职能升级与角色转变

重新定义雇佣关系

传统雇佣关系下，往往没把员工当“人”

所谓的雇佣关系，官方的定义是用人单位和劳动者依法所确立的劳动过程中的权利义务关系。可是由于劳资关系的特殊性，劳动者往往处于弱势地位。

最常见的一种表现形式，就是某些老板用不同动物形容员工类型，这样做，是在无形中对某个群体进行人格矮化。

比方说，有一些公司不约而同提出过要清理“老白兔员工”，因为兔子繁殖很快，如果不及时清理，就会发生“死海效应”。

理可能是这个理，但用兔子作类比有欠妥当，让人感觉不够尊重人。

再说，动物之间并没有什么高下之分，它们都只是食物链里的一环，不会因为是狼就应该吃香喝辣高人一等，是老黄牛就任劳任怨任人宰割。事实上，从种群生存的角度来看，现在狼是珍稀动物，需要保护起来。

说到底，倡导“狼文化”的本质，是在推行一种弱肉强食文化。这在农牧社会也许行得通，但在工业和信息化社会，可能很难行得通，因为企业发展需要依赖科技力量，需要依赖团队之间的合作，不是有狼性就能解决的。

因此，把员工用动物进行类比，是一种不尊重人的行为，是一种高高在上的人格等级划分。说到底，员工不是狼，不是白兔，更不是狗，而是有人性的人。

一个企业要尊重人，先从尊重员工开始，把员工当成真正的人去看待。

追求共赢，创建新型雇佣关系

近些年出现了许多共享经济公司，这些公司盘活了社会闲置资源、减少了中间环节、提升了服务效率。

与此同时，个人服务提供商与平台之间的关系，也超越了传统的劳动合同关系。

美国联邦地区法院曾判决 Uber 与司机之间存在劳动关系。而与之不同的是，北京一中院在 2015 年 2 月做出数例终审判决中，均认定代驾司机与代驾平台之间不属于劳动关系。

有劳动法专家提出：面对互联网的发展，《中华人民共和国劳动法》（以下简称《劳动法》）的适用范围需作动态调整，同时应避免劳动关系的泛化。因此，在我国现行制度框架下，不应当认定基于互联网平台提供劳务服务属于劳动关系。

那么，这种新型关系主要体现在：我付出劳动，获得报酬，你使用人工，支付报酬。这种劳务关系是非固定、非长期性的。

个人服务提供商和平台之间不签订劳动合同，也不存在社会保险、最低工资、加班、产假、病假、年休假等各种基于劳动法的保障关系和待遇；在法律层面，双方建立的不是劳动关系，而是民事合作关系。两者的根本关系发生了变化。

因此，新型雇佣关系，也可以说是合作或者合伙人关系。而合伙人关系比单纯的合作关系要更加紧密，一些公司所推行的“内部创客”变革，就是有益的尝试。

在共享经济和平台企业推动之下，很多组织与个人的关系已经演变为共生合作关系，而不再是单纯的雇佣关系，这种新型的组织模式也必将重新定义人力资源管理模式。

《中外管理》杂志 2014 年曾采访过的海尔小微“雷神”，这个由 3 个 85 后男孩创立的内部孵化小微，以硬件（游戏本）切入，建立了硬件、游戏、教育和智慧生活的全流程生态圈。其成立短短 9 个月间，就创造了 2.5 亿元产值。

当然，我们也应该认识到，传统雇佣关系还会大量存在，而且还会延续下去。只不过作为资方和管理当局，应该更加尊重人，只有以人为本的企业，才能赢得人才的青睐。

从幕后到前台，HR 所面临的新挑战

在社交化媒体时代，HR 要明白一点，不仅企业能发声，员工同样能发声。

比方说裁员，被裁的员工手上也掌握着话筒，哪怕事情不合理却合情的话，只要他感觉情绪不满或者有利益诉求，就可以指名道姓的对企业在网上“曝光”和“声讨”，很有可能将事情扩大化，继而引爆舆论，给企业来一个措手不及。

所以，今天的管理者和 HR，谁都无法预料类似裁员这种事情是不是埋着一颗“雷”？

今天我们每个人都处于网络的中心节点，如果你是当事人，即便你想置身事外也是不可能的，对于 HR 来说也是一样的。所以 HR 的很多工作，必须更透明化，甚至不得不置身于聚光灯下，彻底地从幕后走向前台，这就对 HR 提出了很大的挑战，所以每一步动作都要特别小心，尤其在处理员工关系和敏感问题的时候。

因为我们不知道那里面有没有坑，可能稍不留神就会陷入一些“歧视”

“纷争”里面，必须要有一套乃至几套预案，要有不能说出来的词语列表，要懂得哪些事情不能做，这样才能应付过来。因此也可以说，今天的 HR 工作越来越难做，挑战越来越大，因为很多事情已经超越了 HR 自身的专业能力。当然，这是挑战，也是机遇。

一个好的 HR，不仅要有极强的专业能力，还要懂得员工的心理，要深植于中国文化背景。因为我们中国人除了讲“法”和“理”之外，还讲“情”，这是中国企业与其他国家企业不同的地方。

在国外影视剧里你会看到被裁员工由保安监督离开公司，你会觉得这好像是理所当然，但是在中国企业出现这种情况，就很可能被上升到“暴力”的高度，很容易引起观感不适，进而使企业主被社会舆论斥责为冷血无情的资本家。

完善员工关系管理职能架构

很多企业在人力资源管理的几大板块当中，对员工关系的管理一直不够重视，以致在工作中，很少能见到有很强的沟通能力和情商高的 HR。

因为这样的人很难招到。即便有这个能力的人，很多也去干了其他工作，比方说销售。究其根本，员工关系岗的薪水没有竞争力，而且在组织中的地位不高。即使在华为这么大的体系下，这个岗位也给人一种可有可无的感觉，可见员工关系岗真的没有引起足够的重视。

对于规模不大的企业来说，HR 团队本身力量很弱小，遇到合并机构、裁减人员这样的大事情，必须在企业最高管理者的推动下，联合企业的法务乃至公关人员，形成临时性的组织机构，处理裁员、异动等特殊情形，做到有理有据、合情合法，妥善有效的处理相关情形，不至于反应滞后和运转失灵。

当然，除此之外，还要考虑到裁员的“偶发性”和专业性程度，从经济角度考虑，一些企业并不需要设置相应岗位，可以考虑到寻求外部资源，委托给专业的员工关系管理机构去处理，一来可以节省成本，二来可以将自身不专业的事情外包，不留后患。

总之，通过提升 HR 自身综合能力水准，完善员工关系的管理职能和组织架构，才能有效应对社交化媒体出现的新情况，提升企业雇主品牌。

重心转移——从产出端到需求端

在人事管理与人力资源管理的区别中，有人认为：人事管理是把人当作成本，要尽量压缩和减少；而人力资源管理则把人当作资源，要尽可能地开发利用；因此人力资源管理是人事管理的更高级阶段。

后来，又有人提出“人力资本”的概念，就是说要把人力当作资本，可以用来投资增值，看上去这个提法很“高大上”，但是如果没有把人的大脑里最有价值的东西挖掘出来，并且组织好、利用好，“人力资本”就会成为一句空话。

这几种理论，其实大多还是站在雇主或组织的角度，要求绩效产出最大化，甚至把人当作“赚钱工具”，对人进行“物化”，重点强调工作对人的要求：组织对员工的期望是什么？员工怎样做才能符合组织要求？

换句话说，传统组织只注重产出端，却忽视了需求端——即员工个人有什么需求？ 不满足个体需求，不激发个体价值，就不可能让个体有全身心的工作投入，也就不可能有超出常人的绩效表现。

而人的需求是多层次、多维度的，绝不是“马斯洛需求层次理论”那样泾渭分明、静态不变的。人作为一个整体的存在，在普遍解决温饱的基础上，不仅有安全需要，同样有受尊重的需要，更有自我实现的需要。这些需要密不可分，综合体现在每个人身上。

所以今天我们人力资源工作面临的课题是：如何营造一个激发员工创造力和活力的工作环境！

第三节 像产品经理一样思考

面对业务新变化，组织架构怎么调整？HR是否可以借鉴新颖的思维模式？

面对组织新要求，HR应该采取什么样的行动？

不同企业的业务差异很大，但是其经营逻辑往往是相通的。

任何一个优秀的企业都离不开优质的用户（或消费者），如何创造顾客、创造价值应当是企业思考的起点。从这个角度来看，作为HR，除了要清楚经营逻辑和业务逻辑，还要了解用户，并且根据用户需要提供合适的HR产品。

HR被诟病太理论、不接地气

HR时常被一些部门诟病，就连HR自己也很困惑，甚至常常发出“老板不懂人力资源”“业务部门看不起人力资源部”的慨叹，这是典型的两头受气情形。

根据我的观察，老板与业务部门或许存在问题，但HR也不应该忽视自身存在的几大问题。

第一，眼高手低、不注重实践。人力资源管理能否有效果，关键就看是否把各项工作做到位，推行一项管理政策，其制度安排、人员配备和调度、沟通反馈、执行监督，哪一个环节都少不了。浅尝辄止，都有可能半途而废。工作做得不扎实，敷衍塞责，人力资源管理知识再完备，也派不上用场。

第二，抓不住主要矛盾。深陷事务和各种繁杂的手续，把握不好组织的“风向”。HR都喜欢说模块，虽然各管理模块都很重要，但每个时期的重点是不一样的，如何在纷繁复杂的企业管理环境下发现问题、抓住主要矛盾，这是考验HR是否有实践本领的关键所在。

第三，考虑问题不周全。做事情只考虑到某个点（人力资源专业的点），看不见“面”，更看不到“体”，只见树木不见森林。事实上，人力资源管理系统不是独立存在的，它必须与企业整体经营管理现状紧密连接。欲做好人力资源管理，必先搭建好人力资源管理平台，把很多板块联动起来。

做HR做到一定程度的时候，往往会遇到瓶颈，这个瓶颈有客观因素影响，比如，HR的实务工作往往离具体业务较远，既不能体会到具体业务工作的难处，也领会不到其中的门道和诀窍，往往拿捏不准人与岗位的匹配度到底如何。其次，也有主观因素影响，比如，做工作浮在表面，不愿意了解业务构成，更不愿意实地调查研究，缺乏整体性思维和经营意识，这就使HR更加难以突破瓶颈。

当然，也有少数HR勇敢地进行转型，并且走向了另外的职业发展道路。下面就是一位HR转型做业务之后的真实感触。

做业务，从头学起，背产品介绍，拜访客户，盯现场。为了一个单子整夜睡不着觉，为了等一个客户几小时站在寒风中，为了一笔收款打上百个电话，为了一个失误接受十几遍客户的痛骂。闲下来时，回忆做HR的日子，突然觉得HR好幸福啊！

第一，能否做好企业人力资源，必须要深入理解业务。

要了解每个企业的实际运作，就要深入研究和理解这个企业的业务，吃透整个业务运转链条，这其中，不仅需要人力资源专业知识，更需要深入了解企业主要市场状况、重要客户、业务模式、竞争优势、关键业务流程等，这些方面都对HR能否做好提出了挑战。

曾经掌管阿里巴巴HR十多年之久的彭蕾说过这样一番话。

我最大的感受，首先在于：身在战略层，很难接到地气。无论是以前做HR，还是做集团CEO，很多时候真的有点“站着说话不腰疼”。到了业务岗位我才发现，原来很多理想化的东西一定要和现实结合，所以奉劝各位HR，一定要想办法接到地气，否则真的很困难，更别提发挥HR的战略伙伴作用了。所谓“心到—眼到—手到”，你心里装着业务，眼里就能看到业务，手上做的事情自然能贴近业务。诸如，陪同业务一起拜访客户、轮岗，经常参加业务会议……方法太多了，关键是看你的心有没有用到。

第二，跳出专业深井，着眼外部。作为HR，要了解所处企业的行业特性，了解竞争对手的企业特点、用人模式和人才结构，同时也要非常清楚各企业的商业模型、盈利模式和核心竞争力，了解行业人才集中在什么地方，从而制定具有针对性强的人才战略。

可见了解业务和行业是多么重要，那么，如何才能深入理解业务呢？

首先是参与业务。最常见的方法是“蹭”业务会议，随时获取市场行情和经营情况。我认识一个资深HRD，她非常善于同业务部门负责人互动，经常参加业务部门举行的重要会议，随时了解相关业务动态和销售进展情况，以便人力资源政策能够适时调整，匹配业务发展。

其次就是建立感知系统。借鉴阿里巴巴所创立的政委系统，建立“照镜子、摸温度、闻味道”等一整套感知系统。通俗来说，就是善于发现人的问题，能够准确捕捉到员工的动态和心态，并且及时将信息报告给上一级，以便做出及时调整和干预，从而留住人才、用好人才。

最后是与业务人员交朋友。除了工作关系以外，还要主动走出去，与业务人员多交往，倾听他们的心声，了解他们的想法；并且与业务部门紧密合作，有问题一起解决，有困难及时帮助，时间一长，自然能够赢得业务部门的信赖。

转变视角，如何像产品经理一样思考

经常听到一些HR吐槽老板不重视人力资源，老板会说："谁说我不重视人力资源？是HR的工作老是慢一拍，任何时候都充当配角。"

老板想表达的真实意思其实是：我很重视人力资源工作，但不满意人力资源部门的工作。

市场上有一种认知：HR工作是维持性和辅助性的，既不能增值，又不能起主导作用。体现在许多HR的身上，就是一种苦情心态：工作没做好会挨骂，但是做好了也没有多大功劳，还是少出头，安全为好。

种种迹象表明，很多人对HR的价值认知存在偏差。但如果想试图通过争论改变这种认知，也是非常困难的事情。

不过，反过来想，这种认知也反映了HR工作的确还有很多提升空间。因此，我们能否换一个角度思考以下问题：

怎样让用户更愿意买HR的账？

怎样提升HR管理的价值？

如果用产品经理的思维方式来回答这些问题，或许能找到一些答案。

HR究竟交付了什么？

从很多企业的人力资源管理现状来看，作为供给方，HR到底交付了什么？大致可以分为以下三种。

第一，一堆的制度、文件。各种制度、规章、方案，各种部门职责、岗位说明书、员工手册等，一摞一摞的，一般都少不了。

第二，KPI考核目标。比如招进来多少人才、举办了多少场培训、开展过多少次文化活动等量化指标。

第三，提供了一些服务。包括人事政策咨询、手续办理、处理员工纠纷、劳动争议等这些事务性的工作。

不错，HR 确实做了很多工作，但这样就够了吗？就到此为止了吗？

做的那些制度和文件，看上去很精美，但能不能用、有没有用？没有一个明确的说法。还有，招进来的那些人，有没有发挥作用？举办了那么多场培训，究竟带来了哪些产出？做了那么多服务，有没有值得让人称道的地方？等等，这些问题，都还仅仅是思考的起点。

“长江后浪推前浪，前浪死在沙滩上”。在工业化时代，如果还是采用石器时代的方法组织生产，一定会被碾压。在互联网 + 知本经济时代，我们还在按照千年不变的固定模式和做法进行交付，用户就很难买账。

那么，问题究竟出在了什么地方？

第一，外部环境和观念的变化。一项新的研究显示：优秀人才更符合幂律分布，而不是正态分布，那么，传统考核按照强制分布原则将面临极大挑战。在这种情况下，如果我们还是采用封闭式的本位式思考方法，就显得格格不入了。《三体》里面有一句话：“谁会想到给佳能造成最大伤害的其实是苹果呢。”手机打败了电纸书、打败了卡片相机。就像有人所说的那样：“当事者的失败并非因为不努力，而是因为和自己不怎么相关的地方发生了变化”。

随着人工智能的发展，也许就在不远的将来，很多 HR 的工作都可以被取代，所以，HR 一定要时刻关注外部世界的变化。

第二，自身的问题。人都有一个缺点，总是以自我为中心，对自己所做的事情、所从事的工作总有些天然的自恋。HR 也是人，所以也不例外。许多 HR 总是怀着专业知识拥有者的心态教育别人，要让其他部门的领导都按照经典管理理论去带团队，他们把人力资源管理当作一门专业，言必 BSC、KPI、COE、IPD、HRBP、人才盘点、行动学习等一长串一般人听不懂的英文缩写或术语，搞得高深莫测，认为别人搞不懂才叫高明，所以就要不断“扫盲”，苦口婆心的宣传、教育，忙活了很多，但是结果却收效甚微。

说到底，这是自我视角，不是用户视角。

用产品经理视角思考问题

到某些机构办事，最烦的就是复印一堆证件、填一堆表格，其实这还不是最烦的，重要的是你下次去了，还是要求你从头再来一遍。

这样的机构始终坚持的就是本位主义，他们从来没有打算给过用户更好的体验。与此相似的是，也有很多本位 HR，总是说公司规模小、位置偏，招不到人才，却从来不检讨自己：有没有跟应聘者展现出雇主最好的一面？有没有耐心同候选人进行持续的沟通和互动？等等，总是不能站在“雇主品牌”这样产品的高度上去想问题。这样的做法，怎么可能吸引到优秀人才呢？

下面，我们来看看本位 HR 思维与产品经理思维有什么不同。

本位 HR 思维：我有什么，就卖什么。人力资源管理有几大模块，就做几大模块的工作。

产品经理思维：老板有什么需求？部门领导有什么需求？员工又有什么需求？他们买的究竟是什么？我该怎样满足这些需求？

本位 HR 思维以自我为中心，强调专业和模块，产品经理思维以用户为中心，关注用户需求，并且问自己：我能提供什么？

一个好的产品经理，总是能抓住“用户感知”这个核心点。通俗一点，就是你做了很多工作，但能不能让用户感受到这些？你能不能带给用户更好的体验？而体验点，全在于你有没有设计出来一个好的产品，它可以是有形的，也可以是无形的。

人力资源新价值主张

品质是设计出来的。一款优秀的产品，能够让用户明显感知到高品质。

使用苹果笔记本，最爽的一个体验就是把笔记本一合，就自动待机了。乔布斯是一个非常讨厌“电源键”开关的人，他认为关机没有必要，会让用户不快。

他曾经说过："要想使用户界面足够漂亮，你就应当用一个按键完成所有的任务。"

极简是乔布斯的产品哲学，其隐藏的价值主张是好用，能够给到用户很爽的体验，这也是苹果产品之所以受到欢迎的缘故。

同样，按照这个路子，从提供人力资源管理产品的角度思考这样的问题：每次考核能否让员工少填一些复杂的表格？HR能否更快速的响应各个部门的人力资源需求？

其实每个价值主张都是与用户痛点紧密相连的，与其耗费脑汁凭空想象有什么价值主张，还不如寻找几条很实际的用户痛点。

有的公司人才稀缺是痛点，而有的公司人力资源产出过低是痛点。而老板的痛点往往是：人才的成长速度跟不上企业的发展速度，组织效能和管理效率总是达不到满意的状态。

与此类似的情况还有业务部门以及员工的痛点，这些痛点都属于未被满足的需求，恰恰这也正是人力资源管理的机会所在。

但是，HR的精力毕竟有限，只能在某个阶段，重点解决某一个痛点。所以，要成为人力资源产品的设计师，就要瞄准痛点，提出不同的价值主张，设计出令人尖叫的产品，这样才有可能让人力资源管理的价值最大化。

HR究竟要怎样交付？

人力资源管理，不是招几个人、核算工资、提供一些表格和模板那样简单。其核心，是做出让用户有价值感知的事情。

说起来容易，可是如何做到呢？

第一，让整个产品实现过程有参与感。

心理学的一项调查显示，对于同一种观点，参与讨论过的人和没有参与过讨论的人相比，参与过讨论的人明显更有认同感。没有参与感就没有认同感。而这种参与应该贯穿整个产品设计到实现的全过程。在产品在设计之初，设计者就要与用户紧密互动，一方面是了解用户的真实需求，另一方面，也有利于充分沟通，让用户了解设计的初衷，多一些认同。

比如做人力资源管理制度，并不是HR坐在那里闭门造车，而是先进行充分的调研和论证，了解真正需要解决的问题在哪里；然后，确立好基本思路和框架，再征求制度相关方包括领导和员工的意见，然后一步一步设计和制定出来管理制度。

第二，让个性化需求和标准化模块有效对接。

可以根据按照不同的用户群，设计出众多的标准化知识模块，形成一个较大的数据库，就像一个个零件，都是标准化的，但是可以组合成千变万化的产品。这些模块可以划分为人事服务模块、政策咨询模块、专家顾问模块，然后再进行细分。最后针对不同的用户需求，组合成不同的产品，做到量身定制、随要随取。

当这些知识模块建立以后，可以对HR人员进行相应分工。但是，不再按照传统模式进行岗位划分：我做培训、你做考核、他做招聘……以至于彼此难以协作，更重要的是，用户（员工）有问题了，不知道该找哪一位，这样的感知能好到哪里去？所以，针对不同的用户群，要用不同的HR人员对接，设置HRBP的岗位就是一个很好的实践模式。

第三，交付的产品和服务要精准。

人力资源工作很多时候容易混淆客户和用户需求。以人员招聘需求来说，谁是用人方？表面上看是公司，实际上，是用人部门的领导，只不过用人部门领导得到了公司委托授权，对人员进行招聘把关，一旦企业缺乏用人标准，用人部门领导又习惯按照自己的偏好招人，就会给公司带来很多隐患。所以，这时候就需要HR来权衡把握：既不能不听取用人部门的意见，但也不能完全被用人部门的意见牵着走。

类似的情况还有一些第三方服务外包公司，比如做考核系统，往往因为只有客户（老板）出了钱，所以只考虑到了客户的需求，即客户需要看什么报表，就生成什么报表，却忽视了用户（HR）的需求，以至于这样的系统根本不好用，这就属于典型的不站在用户（HR）的角度设计产品，导致产品成为鸡肋。

人力资源管理需求往往是个性化的，这就需要面对不同对象、不同需求做定制化的产品，这样才能定位精准。

最后，一个好的产品经理，除了做完上述工作以外，还是要时刻关注组织形态的变化，对相应的人力资源产品不断进行升级和迭代，以适应不同时期组织的要求。

第二章 组织设计：以事业和目标为中心

对于HR说，工作目标永远是帮助人才成功、提升组织绩效。一个合格的人力资源从业者，应当想方设法化解分歧或矛盾，促成组织目标和个人目标、集体利益和个人利益相一致，推动组织和个人建立彼此信赖、相互成就的伙伴关系，从利益共同体变成命运共同体。

一项工作分工不明、职责不清会怎样？80%的人会告诉你，这样会造成相互推诿、扯皮、增加内耗，所以按照传统人力资源管理的逻辑，就是先要理清楚岗位职责，然后进行具体分工——相信这些方法为很多管理者所熟悉。

基于分工理论进行岗位职责细分，一方面是为了追求专业化，一方面是为了提升工作效率，但这样做的缺点就是弱化了协作，在互联网时代，工作与人的关联程度越来越高，人处于网络化的节点上，对相互协作的要求也越来越高。

第一节 | 事业传承要后继有人

企业不同发展阶段的人力需求

每个企业都有不同的发展阶段，我们可以把企业简单地分为三个发展阶段：起步阶段、快速发展阶段、成熟阶段。还有一个衰退阶段，有的可能呈现为二次创业或变革阶段。不同发展阶段有不同的人力资源需求。

起步阶段

企业在起步时，缺乏资源与影响力，对人才吸引力较小，往往靠共同的想法和愿景才能走到一起，这时候的人才主要靠关系形成，比如朋友、亲戚、同学、原有的同事，等等，这些人往往是创业的基石，他们就像一个雪球里的核心，是企业最原始、最关键的人才。

创业期最突出的需求是志同道合的能人，没有精英人带领，很难闯出一番天地；不能志同道合，否则根本走不到一起来。这些人是维持现金流和推动业绩持续增长的关键，否则就无从谈起企业需要什么样的管理。所以，在对于创业公司起步阶段来说，坐而论道、谈规范化的人力资源管理，那肯定是不现实的。从某种意义上来说，这一时期的关键人才引进，是可遇不可求的。

快速发展阶段

这个时期非常关键，是创业积累到一定时期的发力阶段，直接奠定企业能否在未来市场上具备话语权。由于这一阶段业务增长迅速，渐渐地在行业当中建立了一定的地位，这时候一方面需要稳固根据地市场，另一方面，需要“走出去”，继续扩大地盘。

所以，在人员招聘和选拔时，内部人员无论是数量还是质量，都跟不上业务的增长速度，因此需要大量的“请进来”，尤其是营销和管理能力兼备的人才。对这一类型的人才，一方面需要守住胜果，另一方面能够攻城略地。至于采取以守为主还是以攻为主，则完全取决于领导者的个人喜好以及根据当时形势变化所要采取的策略而定。

经过这一阶段快速的大浪淘沙，最后企业留下了真金还是沙子，则是考验企业人力资源管理的标准，也是企业能否保持持续竞争力的关键。

成熟阶段

这时，市场格局大局已定，企业管理水平得到了逐步提升和巩固，在业内已树立了一定的标杆意义，企业的人才可能随时被挖角。所以，成熟阶段的人力资源管理框架已定，主题变成了如何保留住优秀的人才。同时，由于企业已经开始成熟，如何保持持续的竞争优势成为主要矛盾，管理型的人才和创新型的人才是企业保持活力的关键。

在这一时期，由于企业组织已经大体固化，需要保持新鲜血液——对组织进行创新变革。只有条件成熟、形势需要，才有可能打造出一支不依赖于任何个人的组织。不过，需要注意的是，致力于打造强大组织的成熟型企业，一是要明确建立用人的原则，以表明组织发展的方向；二是要强化自身的造血功能，没有造血功能，人才的流失将使企业失去发展后劲。

需要注意的是，企业的发展阶段不可能泾渭分明，更多的时候可能是“你中有我，我中有你”，相互交叉，彼此不可分割的。以上不同发展阶段需要的人才只是一种参考，实际上，企业从创立那天起就展现了不同的起点，由此建立起来的优势不是一朝一夕之功，选人用人是一个持续的接力长跑，远未到达终点和尽头。

管理好人才的河流

人才的稳定，离不开金字塔式的三角结构，即各个层级的人员不能出现断层。企业达到了一定的规模，如果高层人员陷于具体的事务而不可自拔，是很难持久的，反之如果没有一批训练有素的“蓝领”或知识工作者，企业的产品和服务质量就无法保证。

除此之外，中层管理人员也相当重要，如果一个企业中层管理人员匮乏、流动频繁，就不能有效的承上启下，就更谈不上企业的战略能够很好地被执行了。

当然，这种金字塔式的层级不是简单的人数关系，还要根据企业的实际情形，按照不同工种、年龄、学历与经验等要素进行区分，以形成最优的人才结构梯队。

人才的金字塔式结构说的是人员的正态分布关系，换句话说，就是要保持多少关键人才比例。企业的目标在哪里，以及根据这个目标我们需要多少人才，而在这些人才当中，中坚管理人员要有多少？专业人才要达到多少？各种人才之间的结构比例如何？操作性岗位上有多少知识型员工？能不能进一步优化和提升？这些问题，都需要我们深入思考。

而且，在这些复杂的人才数量结构比例之外，更重要的是，是否构建了相互流动的制度和平台？是否形成了内部血液循环系统？这是我们在构建人才大厦时最需紧迫解决的问题。

但是，在金字塔各个层级之间，需要构建竞争淘汰机制，使内部人员充分流动起来，而不是僵化不变。

我们在为一家大型企业提供管理咨询时，发觉它存在很多基础管理问题：人力资源制度不健全，没有岗位说明书，薪酬发放太随意，缺乏竞争力等。但奇怪的是，企业的经营业绩还不错，人员流失率很低，每年还不到5%。

后来经过我们深入了解才发现，虽然这家企业的管理基础很差，薪酬水平属于中等，但多数员工对企业很认同，有很强的自豪感，而这种自豪感尤其体现在与当地其他企业的比较当中，他们是“龙头企业”的员工，在当地只要说在这个企业工作，就会被人高看一眼，俨然已是当地的一张名片。

在沿海经济发达地区，企业间的人员流动是非常频繁的一件事。员工跳槽不能简单归因于员工不够忠诚，如果把人置身于特定的环境之下，就不会有什么本质的不同。在更多机会和更多选择面前，人不可能不重新调整自身的行动。因此我们可以断言，员工对组织的自豪感主要来自于组织在一定领域和范围内的比较优势。

实际上，导致企业人员流动的原因有很多，从外部来看，市场经济需要人员流动，否则就像计划经济时代，单位和员工都是固定的，一辈子很少甚至不会流动，其产生的后果就是使组织僵化、失去活力。这些流动主要包含：

（1）产业间的人员流动。由于经济发展的内在规律的不断变化，导致一个行业与另一个行业，甚至不同的产业之间都会发生大规模人员流动，即所谓“看不见的手”在调节着市场的人力资源配置。

（2）区域间的人员流动。由于经济不断发展，城镇化进程是必由之路，再加上户籍制度的逐渐放开，区域间的人员流动越来越大规模化和常规化，每年的“春运”就是明证。

（3）企业间的人员流动。庞大的企业数量是人员流动的主战场，各种不同性质、不同行业的企业，人员的流动性也各不相同。

以上的情况的都是在说明一个道理，人员流动不是什么洪水猛兽，而是一件正常的事情，重要的是看你所在什么行业，什么企业。一般来说，劳动密集型企业以及利用人工成本和压力大的企业，员工流动性会很大。

如果说计划经济时代对人才的管理是照看一座堤坝，那么在充分的市场竞争环境下，则更像是管理一条河流，管理者的目的不是截住水流，而是控制它的流向和流速，保证在合理的流动范围。

第二节 | 目标管理逻辑：使命驱动

制定组织目标从市场洞察开始

一天晚上，有个朋友在微信上跟我说，他们开了一整天的会，老板在会上宣布了战略目标，即2018年赚3 000万元（净利润），2019年赚5 000万元。他的疑惑是老板说的“战略目标”——赚多少钱，真的是战略目标吗？

的确，这样的目标看上去很量化，但说是战略目标又很牵强。为了激励员工，就不得不“放卫星”，其实老板心里未必有底。市场、客户、竞争对手都在变，不确定性太多，哪能有一个确切性的数字？之所以喊出来，一是给自己壮胆，二是给员工打气。

但员工最关心的不是你老板赚多少钱，而是你能分给我多少钱。

所以，确切地说，朋友的老板所说的战略目标，实际上是他的私人目标，并不是组织目标，也自然不会成为全体员工的共同目标。

因此在员工心目中，这里的“战略目标”不过是“老板的目标”，与他没有半毛钱关系，只是表面上附和而已。

定组织目标有什么目的？

定组织目标有两大作用：一是检验自身究竟能达到何种高度。通过目标达成结果的反馈，识别出自身优势所在，找出真实能力与预期之间的差异。

二是看是否实现了战略目的。组织目标应当为战略目的服务，你是为了“赢”，还是为了实现宏图愿景？

如果没有对市场形势、走势的准确判断，没有高超的市场阅读和洞察能力，就根据内部资源、条件和能力定目标，首先在战略布局上就已经先输了，哪怕你后面再努力，也不过在用战术上的勤奋弥补战略上的懒惰。

制定组织目标遇到的新挑战

很多人以为确定好了目标，就成功了一半，实际上这只是在大脑中的设想而已，至于这个目标合不合理，则需要实践检验。

关于目标的合理性问题，有人说，合理的目标，就是让人跳一跳就能够达到。给出的理由是：“定高了，挫伤人员积极性，甚至成为完不成的托词。定低了，则成了走形式，失去了目标的牵引意义”。

看上去，说得很有道理，可这有点过于理想化。因为很简单：每个人的一跳会相差甚大，你如何判定对方的真实水平和能力？

又有人说了：“那要看目标能不能达成。”

如果达不成呢，难道就能说明定的目标不合理吗？显然不是，可能存在两点原因：一、达成这个目标的人没选对，能力素质跟不上。二、缺乏资源支持。比方说，一家企业在一年内从 800 人猛增到 20 000 人，如果招聘费用预算很低，那是不大可能完成任务的。那种既想“马儿不吃草，又想马儿跑得快”的想法本身就有问题。

除此之外，还有专家针对如何制定科学的目标，提出了一个斯马特（SMART）原则，如下所示。

- 目标必须是具体的、明确的（Specific）
- 目标必须是可以衡量的（Measurable）
- 目标必须是可以达到的（Attainable）
- 目标是要与其他目标具有一定的相关性 (Relevant)
- 目标必须具有明确的截止期限（Time-bound）

这样订立目标，的确量化可控，但在一个 VUCA 的世界里，这样做还有效吗？

V=Volatility（易变性）是变化的本质和动力，也是由变化驱使和催化产生的。

U=Uncertainty（不确定性）缺少预见性，缺乏对意外的预期和对事情的理解和意识。

C=Complexity（复杂性）企业为各种力量，各种因素，各种事情所困扰。

A=Ambiguity（模糊性）对现实的模糊，是误解的根源，各种条件和因果关系的混杂。

比方说“Attainable（可以达到的）”这一点，究竟怎样才能叫可以达到？依据历史数据吗？历史数据只能反映已经发生的事实，不能推算未来一定会发生什么，因为变量太多。再说了，没有做怎么知道能否达到，这有点悖论。

那么，目标究竟是定的大胆一点还是保守一点？我认为如果从增长目标的角度，不如把“可以达到的”这一原则改为“具有挑战性”。

若想激发出员工最大的潜力，就要设立大胆而具有挑战性的目标，这对员工和公司都是双赢。

制定目标不能仅仅依靠历史数据和固定算法

制定目标应该是可控的，不要超出员工的能力范畴。

有人问我一个问题：如果设立一个目标分数一直在 0.4 以下，这是员工有问题还是企业问题？

我给她的回答是：两种情况都有可能，看你的目标究竟是什么？有人最多只能挑 100 斤担子，你给他挑 150 斤，不但会压垮他，而且也说明分配任务的人（管理者）不懂得知人善任，是变相让人走的节奏。对个人要看日常行为表现，找出关键事件，从办事结果和质量判断他的专业水平和能力。有数据以数据说话，能量化尽量量化，弄清事实很重要。

对方接着又问：我们公司给我定了个咨询量目标5 300（微博），可我最近一年的数据平均2 000，而5 300的目标是由销售业绩的目标，按成交率19%倒推出来的量。

我的意见是：订立目标的过程没那么简单，这样倒推出来，看似合理，实则假定，弄不好是个大坑。科学的方法，是要对你以往的记录作详尽的分析，然后看从中有无新的增长机会点，在条件具备的情况下，可以找一个市场对标。管理层对市场和产品生命周期（如微博）视而不见，没有清晰的认知和判断，靠拍脑袋和想当然下指标，是不行的。没有奇招，过了风口想增长，而且大幅增长，根本不现实，而且耗费的精力和脑力成倍增加。与其如此，为什么不把精力投入到新的增长平台上呢？这是战略重心问题。管理层不能看不到趋势，因循守旧，所以这不单是指标问题，背后反映的是你们领导的智慧和眼光，逆流而动，最后的结果都不太理想。

案例中涉及一个问题：定目标不能仅看历史数据，也不能仅从现有已知条件出发，还要紧盯着市场发展趋势和风向标。

从占领市场的角度来看，定什么样的目标不是自己想当然——风口来了，你定低了，对手就抢占了地盘，而这些地盘你是要不惜一切代价要去攻占的。或者，狼来了，你不在有限的时间内跑开危险区域，就会成为盘中餐。

况且，在实现目标的过程中，永远有一些不可控的变量，甚至出现一些你无法预测的异常情况。

因此，我们定组织目标的目的，不是为了证明目标的合理性，而是形势逼人，非此不可、必须如此的问题。这个时候，要保持战略定力，更要有开放的胸襟和进取精神。

首先，要具备市场基准意识。公司年销售额增长是50%，以为很快了，但一看行业平均增长速度都在60%以上，那明显就是自己落伍了。自己埋头干活，对手却早已鸟枪换炮，形势所迫之下，一定要跟上大势。

其次，员工要领会领导意图。很多增长目标是老板（领导）定的，不要觉得他们不懂市场、不了解客户，领导掌握更多的信息资源，有更远大的追求和抱负，这是员工难以企及的地方，要少一些狐疑，多一分坚定。

最后，设定目标必须得忘记过去。历史数据只能反映发生了的现实，如何在发展趋势中敏锐地发现趋势的变化，这才是考验领导者的视野和智慧所在。

诚如彼得·德鲁克所言：只有企业家才能创造企业。从0到1最难，“没有条件，创造条件也要上”，这样才能体现出创造的价值。

个人目标如何与组织目标协同

在年初会议上，领导说：“今年大家努把力，目标实现了，年底发奖金。”

领导话一说完，会上一片掌声。可会后不久，他发觉员工根本无动于衷，也不按他设想的路子走，他感到很郁闷，觉得自己该说的话都说了，该许诺的也许诺了，可有的员工还是没有干劲——该干吗干吗，根本不关心企业目标能否实现。

这就是许多目标管理的现状：理论说起来头头是道，执行起来却困难重重！

如何将组织目标转化为个人目标，这就涉及一系列问题，绝不是分解目标、下达任务这么简单。

组织目标实现困难，员工无感的原因。

许多企业的绩效指标制定是从上而下层层分解的。部门经理的绩效指标由总经理按照自己的指标向下分解，普通员工的绩效指标则由部门经理根据自己的指标往下分解。

假定组织目标是合理的，也是能够实现的，那么如何将组织目标分解为个人目标，过程非常关键。但你在实际操作中会发现一个问题：目标在分解后被稀释了，甚至有些任务无人承担。

比方说，销售部承担 1 000 万元的年销售额，刚好有五名销售人员，按照计算分摊，每个人完成 200 万元就可以了，但实际上，这五名销售人员当中，有两名刚毕业不久的新手，还有一名业绩平平，再没有起色可能不久就要淘汰，只有两名能算做销售骨干，至少要完成 70% 的销售任务，但是按照他们的能力和资质，与市场上其他竞争对手对标，这是根本完不成的任务。

怎么办？作为领导如果让步的话，那总体目标就完不成。不让步就会把下面的人压垮，或者领导自己要承担大部分销售任务，下面的销售人员价值就会大打折扣，这与培养销售队伍理念背道而驰，从外面再招新人吧，需要好几个月熟悉复杂产品，不能尽快产生业绩，存在很大变数。

像上面这种目标分解过程中出现的问题，并不鲜见。这种目标分解过程大致按照几个步骤进行。

将企业目标分解成各部门目标，将部门目标分解成个人目标，将目标分解成可执行的任务。

在制定和分解目标时，会出现两种截然相反的怪现象。

一种是为了邀功，明明自己没有把握完成，却故意虚报数字，以此向领导显示决心，争取能在企业多待一段时间。

一种是保存实力，个人有潜力和能力完成更高的目标，但是很清楚上级一定会加目标值，压力太大，不如故意报得低很多，这样能有一个好的完成率，还能多拿奖金，何乐而不为？

假如自己能做 120 分，就只会跟上级说 60 分，最终经过讨价还价，再在主观面前积极主动的上调成 80 分，和主管达成所谓的“双赢”。

看到了吧，把制定和分解目标的过程，变成了一个上下级之间的讨价还价。这样管理者很累，员工也很累，大家都要动心思、斗心眼呢！

我们要清楚，传统目标制定流程是领导确定目标后然后对目标进行分解，后来又有改良版的目标制定流程，即领导与下属协商确定目标，然后再对目标进行分解、分配，与传统制定目标流程不同的是，多了一个领导与下属协商的环节，不再是单方面下指标，有了一定的进步，但这依然不能保证组织目标能得到有效执行。

因为这种目标制定的过程还是自上而下，秉承的是组织意志。通俗来说，就是："我们想实现什么，你必须完成什么。"强调的是完成组织任务，没有与个人建立真正的关联性，也没有让员工在内心里觉得：这就是我的目标。

那么，能不能从员工个人出发制定目标？

从下到上设立员工认同的个人目标

当我们把目标盯在如何实现组织目标上，可能很多员工并不感冒，但是如何要问及他个人的目标，那一定会引起关注。

因为每个人是自身利益最好的守护者，如果帮助员工个人设定好目标，并给予相应的激励，效果是不是好很多呢？

那么作为管理者，不能仅仅把目标分解、分配成任务了事，而是将任务内化为员工自己认为非做不可的事，真正实现从"要我干"到"我要干"的转变，想做到这一点，必须具备如下两个特征。

第一，要做目标的主人而不是配角，"这件事与我干系最大"。

第二，目标要从内心出发，反映出自己的真实意愿，"不管什么事，这是我的事"。

关于这方面，彼得·德鲁克曾提出一个非常有创意的想法，那就是每年年底，让每个人都给他的领导写一封信，主要包括如下议题。

1. 在我的理解当中，你的目标是什么，我的目标又是什么？

2. 在新的一年里，你对我的期望是什么？

这样做的目的，其实就是让员工自主性的设定目标，激发员工的积极性和潜在能力。

解决目标协同关键在于建立关联和用对人

组织是一个系统，不能简单拆分为相互独立的组成部分，这就是为什么有的企业有很多部门却干不成事的原因——因为各自为政、缺乏协同。

高效的组织不是简单的1+1=2，而是1+1 > 2的，这就是系统的力量，因此不是把整体目标通过加减法分解就行，没有这么便宜的事！所以关键在于：

第一，建立组织目标和个人目标的关联点。

除了建立必要的外部奖惩外，最重要的是唤醒员工内心的认同感，也就是激发员工个人的愿景和追求。过去我们强调，把公司的目标变成自己的目标，苦口婆心劝员工具备“主人翁意识”和“奉献精神”，效果并不好。现在必须要变成：你有什么目标，我们帮你去实现，而后自然实现了共同目标。企业作为一个平台，就是帮助员工实现梦想。

在个体崛起时代，不能把“我要干”变成一句口号，而是身体力行实现目标的内化，就像长在员工身上一样。

第二，知人善任、挑选志同道合的人。

“干什么不是问题，谁来干才是问题！”说到底，用人与组织的关系，是鱼和水的关系，有了好的机制、策略，但是没有用对人，一切都是徒劳。

执行目标关键要能“自我控制”

曾几何时，“自动自发”被我们的企业领导者奉为管理的最高境界，那究竟什么是自动自发？很多人一直这样理解：下定决心、不怕牺牲、排除万难，没有任何借口的把信送给加西亚！

甚至还编出这样的段子：诸葛亮从来不问刘备，为什么我们的箭那么少；关羽从来不问刘备，为什么我们的士兵那么少……

这不叫自动自发，说好听点下级无条件服从，说难听一点就是思想控制！目的就是要把下级变成忠实的执行者，这样的人还会独立思考吗？只能说是已经变成听话的提线木偶。

我们都知道，制定目标时要协商一致，但要实现目标管理，更重要的是自我控制，这就是目标的“内部性”。

但很多人即只关注“目标管理”而忽视“自我控制”，最后还是难以实现目标管理。

因为我们一些企业管理者，强调的是上级对下级的管控，从上到下发指令、压指标，很容易忽视如何从内部动机的角度去激发员工的潜能和积极性。也就是我们的管理者总想控制下级，却忽视下级的自我控制。

那么，什么是自我控制？彼得·德鲁克在《管理的实践》一书中有一段话：

管理者的工作动机不再是因为别人命令他或说服他去做某件事情，而是因为管理者的任务本身必须达到这样的目标。他不再只是听命行事，而是自己决定必须这么做。换句话说，他以自由人的身份采取行动。

简单来说，就是自己决定自己干什么、怎么干，这就是自动自发！那怎样才能达到自我控制呢？

一方面，要能够为自己订立可控性的目标；另一方面，要掌握所需要的信息。

比如，“利润提升 20%”“客户增加 100 个”，这种目标看上去很量化，并不可控，因为“利润提升 20%”“客户增加 100 个”，这是预期的结果，是一果多因的，除了需要个人主观努力外，客户认知度、市场竞争态势、竞争对手价格等都影响了这个结果，而这些因素对于普通员工来说，他无法控制。可控的只能是“让客户更加满意”“每天打 200 个电话”，这样的目标既能够控制，也能够做到。

除了可控性的目标，还要掌握工作所需要的信息，越充分、越精准越好。在这一方面，我们可以拿以信息分发技术著称的“今日头条”的案例加以说明。

“今日头条”的机器推送机制，与用户的阅读行为息息相关。

对于创作者来说，标题有没有吸引力，决定有没有点击，这会产生“推荐阅读率”，这是第一波推送；如果只是标题党，没什么内容或者内容不能吸引人，用户就不会在页面停留，“读完率”会很少，机器就会减少二次推送。所以一篇阅读量高的文章，既要有吸引力的标题，内容也要足够吸引人。

所以如何写出优质有吸引力的内容，同时取一个有吸引力的标题，是创作的重点。

“今日头条”的机器推送机制表明，创作者掌握了“推荐阅读率”“读完率”“停留时长”这样的数据，了解到用户的兴趣与偏好，从而对创作方法不断进行调整，让自身越来越受到用户欢迎。

在管理活动中，由于缺乏可靠的数据，管理者常常难以做出准确反馈，员工也不知道自己该在哪方面施加更多的投入，从而陷入了集体思维盲区——不知道哪里有问题，这才是最大的问题。如果我们的工作数据能有“今日头条”这样具体可靠的反馈，可能结果就会完全不一样！

每位管理者都应该具备评估自己绩效所需的信息，而且应该及早收到这类信息，因此才能及时修正做法，以达到预定目标。这类信息应该直接提供给管理者，而非他的领导；这类信息是自我控制的工具，而不是上级控制下属的工具。

这样就能实现以更严格、更精确和更有效的内部控制取代了外部控制，也就是人们所说的“自动自发。”

也可以说，目标管理的真实含义其实是自我管理，是自主性的制定目标，而不是来自于跟上级的讨价还价。

实现目标要善于借力和整合资源

我曾面试一个招聘主管，他说 2017 年大量招人，公司人员从年初的 800 多人，到年底一下子增加到 20 000 多人，这是什么概念？直接翻了 30 倍。这个数据着实让人吃了一惊，那他是不是在吹牛呢？经过了解，情况属实，他没有撒谎。

对于任何一个招聘团队来说，按照常规做法，一年内招到这么多人，肯定是一个不可能完成的任务，但结果却是他们完成了。

按照常规招聘方法，由专职招聘（HR）一个一个筛选简历、邀约、组织面试、沟通录用等，在刨除掉候选人不报到等意外因素情况下，按照招聘效率和招聘精准度都非常高的资深招聘来说，在常年无休的情况下，平均每天录用一个，一年也就 365 个。

按照他所说的年初 800 人配备 5 个专职招聘计算，一年最多能招到 1 825 人，假定这个过程中，又增加了 5 个专职招聘人员，最理想的情况，到年底最多也就招来 4 000 人，还是远远低于 20 000 人的招聘目标。

他说，在 2016 年年初会议上，当总裁宣布企业年底要达到的总人数时，他和其他几个招聘人员一听就懵了，为此，总裁专门给人力资源团队开了一整天的会……

那天的会议内容具体讲了什么，已不得而知。

这个事情让人想起朱元璋和陈友谅进行鄱阳湖大战，在大战之前，无论是参战兵力，还是战船数量和体量，朱元璋都没法跟陈友谅处在一个量级上，实力相差非常悬殊。

当时朱元璋派李善长督造战船，一百天内打造出数千战船来，当时什么都不缺，就缺时间——钱财铜铁木料已齐备，工匠加班加点赶造，朱元璋还专门抽调 5 000 精兵给工匠打下手，但按照交付工期计算，仍然无法按质按量完成。

谁都知道，战场形势瞬息万变，军情十万火急。每晚一个时辰，就意味着失去更多将士的生命，就会失去一份把握和胜算。

正在李善长焦头烂额愁苦之际，江宁县衙来报，他们负责的一百条战船已经全部备齐，而且多预备了一百二十条，总共有二百二十条。李善长一听，开始不相信，一去江边，果然停满了战船，数一数一艘不少，只是看上去老旧了些。且看江宁县衙的人怎么说的：

"属下贴出告示，征召江海各处船舶，限五丈以上。告示上不提备战，而只说征召船舶载运石材木料，运往下江，凡应征船舶每月给银五十两，这可是正常运费的五倍。之后属下把仅有的十余条船全部派出去拉石头。每船预付现银五十两，你看一旦他们扬帆，立刻一传十，十传百，各地的江船海船纷纷赶来，赚取银两！"

"请看这些船，他们表面上虽然陈旧，但船身却坚实无比，因为海浪大于江浪，海船定比江船坚硬，只要稍作改装，那就是上好的战船啦！"

说此话的人正是胡惟庸，当时还是县衙里的一个主簿。胡惟庸靠利诱的方法最终超额完工，立下大功，但背后的原因则是他熟悉当地情况，洞悉人性、善于顺势借力而已。由此可见，胡惟庸的“办事能力”很强，虽然最终他因谋反罪名被处死，但不可否认他确实有才干，善于在非常之时做非常之事——在交付战船这一事件上体现得淋漓尽致。

回头来看，企业从800人在一年内增加到20 000多人，且看这个招聘主管他们团队是怎么做到的。

第一，任务分解。先进行岗位分类和人员结构分析，他们要招的人当中，80%都是基础业务、销售、客服类人员，这类人员的队伍组建主要以老带新，以高职位等级人员带低职位等级人员；然后对这类人员进行来源构成分析，划分渠道，采取的主要方式为以普通校招为主，社招为辅；最后对目标进行倒推，逐月分解要完成的任务量，落实由谁来具体负责和推进。

第二，定好策略。第一种策略是“滚雪球”，类似于“六度人脉关系理论”，简单来说，就是重点招聘人际关系丰富的人选，主要是团队的带头人，采取一拖三甚至一拖十的方式招人，假定每周招两个这样的人，一年52周104个人，平均每个人带来5个人选，每5个人选当中每人又带来3个人选，全年算下来就有1 560人。第二种策略是“草船借箭”。通过与第三方劳务或人才服务企业合作，瞄准人员变动比较大（裁员、流失率高）的业内目标公司，实施定向挖掘，源源不断输送人员。

第三，提升“产能”。对于招聘经理来说，我们常说要招多少人，这是“产量”，“产量”的背后是“产能”。如果产能遇到瓶颈，那么想提升产量就是痴人说梦。所以一旦确定任务量，一开始优先解决的问题就是招聘专职招聘人员，因为专职招聘人员是产能，要把这个先配备齐，否则哪怕24小时不睡觉的去招人，恐怕也完不成任务。磨刀不误砍柴工，事先筹划、规划很重要。

第四，快速测试新方法。要根据目标不断寻求新的解决方案，核心工作就是“测试”，即时的根据信息反馈分析现状，提出想法，然后对这些想法排优先级，通过快速测试和分析找到解决办法的因素。这个过程可以不断重复，重复的速度越快，就越能找到更多的解决方案，解决速度也就越快。

第三节 | 组织创新升级，打破部门墙

组织的网络化和社群自治

我们生活在一个全球供应链的时代，全球竞争从过去的国别模式，转变为广泛分布的投入、部件、设计和组装功能平台之间更加分散的竞争。国际货币基金组织一项研究发现，从1993年至2013年的20年间，全球价值链为快速增长的全球贸易贡献了整整73%。运输成本大幅下降的不可逆转趋势，以及物流和采购方面的科技突破，使得支撑全球经济一体化的全球价值链联系更加紧密。

与全球供应链类似的是，各种经济组织形式越来越多元化：未来个人工作关系，不再仅属于一个固定组织，可能是N个组织的登记会员。换句话说，未来的组织模式是分布式的结构，是去中心化的。

越来越多的互联网公司要“激活个体、去中心化”，这与我们头脑中传统组织理念有点不太一样；还有众多的组织创新模式，比如小组制、合弄制、

自由式公司、青色组织、开放组织等，层出不穷。

传统金字塔式组织结构必须依赖“中央控制”

过去，大规模制造企业的组织架构都是金字塔型的，层级非常复杂，例如巨型企业富士康：事业群、事业部、产品线、部门、科组……

金字塔式的组织结构需要很强的控制能力。

有位女企业家在各种场合不忘为公司代言，因屡有惊人之语成为网红。她的作风也很霸道、强悍。她说，为了治理公司纪律，绝不允许女员工戴耳环、戴项链，全部是短发，如果是长发，要盘起来。作风要统一，不能一盘散沙。

这个女企业家是谁，相信很多人都很清楚，她是格力总裁董明珠。也许她的管理理念你未必认同，比如强调统一、强调标准、强调服从，哪怕对员工的穿着和一举一动也会做出严格的限定。

但是不是据此就能说明，格力的组织管理模式先进呢？

对于需要大规模生产的公司来说，采取大包大揽式的管控方法是有效的。因为工人要按照标准化要求去做，不需要有个人想法，需要的是“螺丝钉精神”，是一板一眼制造出一模一样的产品。在组织方式上体现出来的是“思想统一、步调一致、一个中心”。

这种管理模式，在工业互联网出现之前普遍存在，尤其是需要大量人力生产的企业。因为没有严格的管控，产品品质就无法保证，生产力就很难得到提升。

当然，这种组织模式也是问题多多，层级一多，就必然出现“大公司病”——各自为政、信息阻塞、反应迟钝，很容易给公司带来系统风险，比如过于依赖于企业领导的个人魅力。

从人力资源管理的角度来看，这样不仅很难激发员工的主观能动性，而且会扼杀员工的创造力。

附：几种传统组织架构模式

（1）直线职能制。特点是企业内部按职能（如生产、销售、开发等）划分成若干部门，各部门独立性很小，均由企业高层领导直接进行管理，即公司实行集中控制和统一指挥。

（2）事业部制，又称联邦分权制。这种结构的基本特征是，战略决策和经营决策分离。根据业务按产品、服务、客户、地区等设立半自主性的经营事业部，公司的战略决策和经营决策由不同的部门和人员负责，使高层领导从繁重的日常经营业务中解脱出来，集中精力致力于公司的长期经营决策，并监督、协调各事业部的活动和评价各部门的绩效。

（3）矩阵制结构。在组织结构上，把既有按职能划分的垂直领导系统，又有按产品（项目）划分的横向领导关系的结构，称为矩阵组织结构。

产业 + 互联网，让社群成为组织外脑

国外有一种同病相怜网站，通过病友的病例分享，避免不合适的药物和疗法，收入来源是将收集到的患病书，以匿名方式出售给医药公司，帮助进行医学研究。患者自发组织并参与试验研究。

在今天，新的、细分的年轻消费群体越来越多，尤其在消费品领域，个性化需求层出不穷。

如果还是按照过去统一的、标准化的方法组织大规模生产，不仅会带来极大浪费，而且无法满足这种个性化需求。怎么办？当然是借助外部之手！

简单来说，就是在定义产品之初，就让最终用户和消费者参与进来，形成一个线上与线下（O2O）相结合的开放系统。这其中，就有以小米为代表的一些制造企业不再像过去那样，关起门来搞研发，而是贴近用户，与用户互动，让用户参与到整个产品的设计研发过程，然后对产品持续迭代升级，给消费者更好的使用体验。

正是互联网技术提供了便利，让组织的开放性前所未有，组织大规模的外部协作才成为可能。在互联网连接的生态系统里，内容生产和传输管道都

变得大为不同——它不再局限于所谓的“组织内部”人员，而是活跃着各类人群。

用户、消费者、供应商、行业专家、研究机构，发起各种形式的论坛、社交部落，出现了以学生、医生、公司职员等各种职业为特征的人群聚集地。一切都已变得网络化、虚拟化、数据化。有人把这种形态称作社群。

社群就是根据个人爱好、兴趣、专业所形成的圈子和部落。它可以是一个实体小组或社团，也可以是一个在线用户论坛和兴趣爱好者的分享园地。它可以在社交媒体上构建地盘，也可以在公司内部形成一个个项目小组，让跨部门成员共同参与协作。社群中的人是“社员”，没有相互隶属关系，“社员”都是平等的。社群由社群管理者牵头，社群成员共同制定规则，比如，限定讨论某一领域有关的议题，“社员”可以决定做什么和不做什么。“社员”具有完全的自主性，而且可以随时退出，没有强制性要求。

社群运营的核心在于信任关系的建立，信任带来责任感，效仿与同伴压力远比等级制度更有约束力。团队自主确定目标，并且为完成目标而自豪。如果有人钻系统的空子，没有尽到责任，团队会立刻让他知道大家的感受，这就是社群自治。

社群的影响力与日俱增，它能够连接组织中的每个人，让每个成员找到认同感与归属感，并且对社群以外产生出了强大的影响力。

新探索：从超人领导到超级个体

了解明朝历史的人都知道，朱元璋为了巩固皇权，罢丞相、废中书，直接领导六部，从组织架构上来看，这是一次扁平化的改革。

在现实公司管理中，确实有些人把组织扁平化当作解决大公司病的良药——消减中间管理层级，扩大高层管理者的管理幅度，弱化职能部门。似乎一扁平问题就得到解决了！

问题可没那么简单，扁平化确实是让层级减少了，部门沟通更顺畅了，但对领导的个人素质要求更高，有的几乎是超人一般的存在。

无独有偶，据说杰克·韦尔奇记忆力很惊人，他能叫出 3 000 个经理的名字。就这一点也不是普通人可比拟的。

扁平化确实能够治疗大公司病，但前提是，领导必须是个英明的超人，否则只会把事情办得更糟糕。

以我们公司来说，这两年发展很快，组织架构也在不断地调整和升级，有些架构方面规划的比较前瞻，但是有一个困扰：一直找不到支撑这种架构的人才。这也印证了某位管理大师所说的话：一个公司的资源总是有限的，即便不缺资源，也没有足够的人才。我想很多公司一定跟我们面临同样的问题。

在这种情形下，有人提出了组织的去中心化，即发挥单个力量和个体价值，让每个人自己成为“发动机”，就好比从“火车跑得快，全靠车头带”的绿皮火车时代，升级到“每节车厢都有驱动”的动车时代。这确实是个好思路，今日头条创始人张一鸣先生，就曾经提出过以人才堆积的方式破除大公司病，不走“人越多，制度和规矩越多，体系越庞大”的路子，因为优秀的人才不需要管教也会自觉遵守，相当于墨守了心理契约。这一招比有型的制度确实更厉害！

可见，做好组织的去中心化，前提是员工的个体素质要高，要有很强的自觉意识和自律习惯。对于知识密集型的公司来说，随着受过高等教育人才的增加，这样的条件越来越成熟了。

创建混合型组织结构

一说到所谓“传统企业要互联网转型”，一说到“区块链”“去中心化”常常为人所津津乐道。似乎去中心化是商业新趋势和企业取得成功的灵丹妙药。事实真是这样吗？

十年前的时尚代表企业是华为、联想、中兴通讯，现在的时尚代表是BAT（百度、阿里巴巴、腾讯）和TMD（今日头条、美团、滴滴），这些企业无疑都是从弱小走向强大，经过了从被人忽视的进入者变成挑战者、竞争者乃至成为领跑者的过程。

作为进入者和挑战者，必须向现有统治秩序发起挑战，否则连参与的机会都没有，一旦挑战成功，它就会成为新的竞争者乃至霸主。所以，去中心化只是挑战者的宣言和口号，并不是真的不存在中心了，挑战者的目的是想改变现有游戏规则，让新的中心替代了旧的中心，新的霸主取代老的霸主。更有甚者，想制造概念，浑水摸鱼。

所以，比特币也好，区块链也好，本质上并不是什么去中心化，而是通过技术手段提升效率、降低交易成本而已。

菲尼克兹创始人宗毅认为，企业蒸蒸日上的时候，要有人带头往前冲；当企业陷入低谷的时候，也要有人敢于挺身而出。冲在前面的人就是企业的“主心骨”。

那种鼓吹一切组织“扁平化、去中心化”的言论完全是不负责任、违背规律的痴人说梦。在一个组织当中，哪怕是一个自发的组织，必然有“中心”，也必然“有上有下”，影响力必然有源头，这不是谁规定的，而是人性使然，不是你想消除就能够消除的。

去中心化，并不是指这个企业没有主心骨，没有带头人，而是指组织和以往相比更加灵活。

为何会出现多头管理？

“有些企业是 1 个人干，2 个人看，3 个人监督，4 个人领导。”

当然这么说有些夸张，但直接干活的人少、领导多，在许多企业却是一个现实的存在——我就曾经见过一家不到 200 人的企业，一个总经理，下面有 8 名副总经理。

领导多倒也罢了，问题在于“多头领导”。什么是多头领导？简单来说，就是员工向 2 个领导汇报，甚至 3 个领导、多个领导，哪个领导的话都得听。

这可怎么办？员工又不是超人，他不累死，也得为难死。一个领导让你这样干，另一个领导让你那样干，领导的意见截然相反。听这个不好，听那个也不好，左右为难——因为听了一个领导的，很可能会得罪另一个领导，想中立则会被指责为执行不力，更糟糕。

在这种情况下，除了向左或向右，那有没有第三种选择呢？史蒂芬·柯维在他的著作《高效能人士的七个习惯》中提到，碰到这种情况，一定要讲原则，不能像墙头上的草，风吹两边倒。柯维大师使出来的法宝就是“双赢思维”，比方说，让领导听自己一句劝，不要搞零和博弈，这样对大家都有利……

确实，柯维的思想是相当棒的，但他毕竟不是企业管理大师。而且这个方法有个缺陷，就好比一群老鼠议论“如何在猫的脖子上挂铃铛”，以便当猫去捕捉它们时提前预报，好用来逃跑。可问题是，派哪只老鼠往猫脖子上挂铃铛？换句话说，双赢思维的提议确实不错，但缺乏可行性，光讲原则是行不通的。因为大家都清楚，上面的人找下面的人沟通很容易，但下面的人找上面的人沟通协调只会难上加难。

经常需要“站队”多半是组织结构出了问题

我想分享一个亲身经历的关于组织的问题。

几年前，我曾经在一家企业新任职人力资源总监。

我从部门小刘那里拿到了公司的组织架构图，我很奇怪为什么两个部门都有IT人员，为什么不放在一个部门呢？

看到我的疑惑，小刘轻声地说：“您还不知道吧？这两个部门的领导从来不沟通的，而且比较特殊，本来IT一开始是放在一起的，由黄总带。”

“那为什么后来分成了两拨人？”

“因为去年老板挖来了汪总，他是留美计算机博士，在信息技术方面比黄总资深，但黄总擅长业务，比较熟悉企业情况，两个人可以搭档，所以就让汪总负责整个IT部门，黄总作为副手。”

“挺好的一件事啊。”

“问题是，按照汇报线，黄总应该向汪总汇报工作。但是，黄总不想什么事都要经汪总审批，觉得汪总是指手画脚，而汪总又喜欢过问业务上的事情，两个人为此经常发生争执，最后合不来，公开翻脸了。”

“那为什么不让其中的一个走人呢？”

“关键是对这两个人，老板都舍不得啊，黄总虽然技术方面弱一些，但是执行力比较强，老板很喜欢这一点，无奈之下，只好把两个人分开，各自带一个团队。”

“哦，我明白了……可问题是，就因为两个领导不能相处，就重新划分部门，让这几十号员工都跟着变动，各种资源也分散了，不合适啊。”

其实这就属于明显的以人定岗。

领导之间的不合，林林总总归结起来，无非是性格不合、利益冲突或者是价值观冲突，我们很容易归结到“人”的身上，一旦归在人的身上，很多组织问题便无法解决，只能寄希望于出现“明君忠臣”，但出现这样的概率是极低的。

设计合适的管理结构，解决多头领导问题

其实多头领导，不是哪个人的问题，而是管理结构问题。

因此光靠哪个员工、哪个领导发善心去解决，是不现实的，必须从管理结构上想出绝招，才能从根本上解决问题。

其实过去的前辈们，早就碰到过类似的难题，并且有很好的解决方案。

通用汽车 CEO 斯隆先生，曾经是配套厂的总经理，他时常被上面混乱的指令弄得无所适从。

他的“领导”很多，有采购总经理、装配总经理，还有区域总裁、生产副总裁，以及集团的财务总监，他们都对斯隆下命令。而且，指令经常相互冲突。

“如果我是 CEO，应该怎么做？”斯隆经常思考这个问题，等他当上 CEO 的时候，通用的员工超过了 60 万人，结构混乱、多头领导是老大难的问题。

不过经过十年的摸索，斯隆终于解决了这个难题。其实这个办法的原理很简单，比方说：一个通信企业的销售经理，他的上级是谁，只要对照组织结构图一看就会明白。

在项目式的企业里，他的实线上级是销售副总；在事业部制的企业里，他的实线上级是总经理；在职能式的企业里，实线上级是区域销售总监。

实线上级确定之后，其他上级都是虚线上级。如果实线和虚线的命令有冲突，销售经理只需要执行实线的命令，同时，他把上级之间的冲突，汇报给所有上级。在传统组织架构里，中层经理要维持和众多上级的关系，他们的工作压力，主要是做人，不是做事。而采用斯隆方法，上级之间的权力之争，由上级协调，下级不参与，更不用站队表忠心。众多大企业，因为引入结构管理，风气都端正了许多。

这个设计是相当高明的，一举解决了多头领导的问题，更重要的是，提升了工作效率，让企业的运营效率成倍增长。

其实，除了斯隆的方法以外，英特尔的 CEO 格鲁夫还提出过一个“二度空间”的概念。

简单来说，一个员工可以是双重身份，他本身有所属的部门和领导，但是他可以参与某个专业领域里的技术小组，行使专业权威和认证。

这样就能很好地避免了行政隶属和专业冲突的问题，让专业的事交给专业的人作判断，免受外行干扰和决策影响，是一个非常好的调和机制。

突破专业深井，拆解部门墙

许多组织都存在“部门墙”，部门墙的存在，致使沟通不畅、内耗严重、人心涣散，可以说，“部门墙”是组织的顽症，如果不加以重视，就会出现各种小团体，甚至滋生腐败，直接危及企业的生死存亡！

调查表明，越是大企业，越是复杂的组织，“部门墙”越是根深蒂固。曾有人感叹：破除部门墙，比搬开一座山还难。要想推倒它，一方面要做好工作环境设计，一方面要做好组织设计，在心理层面上拆掉人心中固有的观念。

部门墙现象普遍存在

会议室里，为一个合同评审流程的事，几个部门的人争得面红耳赤。

销售人员抱怨说："我们好不容易拿到合同，结果拖了这么久，还没有审好，这种做事效率实在太低，如果丢单了，责任应该谁负？"

商务人员很无辜："我都是按照OA（Office Automation，简称OA，指办公自动化）流程来审核的，并且当天就写上了意见，走到了下一个流程，没有发现有什么问题。如果觉得慢了，那就规定一个时间好了。"

财务主管也发了牢骚："这个合同的付款方式有问题，6个月的账期，而且还是承兑汇票，占用我们资金太大，能签这样的合同吗？"

……

谁都认为道理站在自己那一边，谁也说服不了谁。这让我想起诺基亚CEO约玛·奥利拉在公布同意微软收购时最后说的一句话："我们并没有做错什么，但不知为什么，我们输了。"所有人说的都有道理，但问题是：不拿订单，公司面临关门，怎么办？

对于一家企业来说，很多流程都是跨部门的，一旦跨部门，问题就来了：沟通不畅、合作不顺、相互扯皮、推卸责任等种种现象就会出现。流程再短，你不去处理，就会"肠梗塞"；流程再完善，你不去推动，它也不会自动自发执行。很多企业流程运行速度慢，就是因为一个个流程节点，变成了难以攻克的据点，变成了难以逾越的壕沟，部门壁垒的存在，是组织内部占山为王、派系林立、主义横行的根源！

为什么会出现这种情况呢？多半是因为在组织和人员上出了问题，一方面是职责不明，另一方面是人员主动性不够，趋利避害意识严重。

一个企业倘若没有部门职责方面的明文界定，就很容易造成工作扯皮和职责不清，所谓"人人有责"的结果就是：人人都没有责任。但分清职责也会导致出现另一个问题，那就是："范围以内的我负责，范围以外的我不负责"。很多时候不是员工不想负责，而是他们搞不清楚：做职责以外的事情，到底是积极主动行为还是越界行为？

部门墙存在的原因

在这个世界上，壁垒是无处不在的，不仅存在于国与国之间，也存在于任何组织内部，我们把它称之为“部门墙”，不管你承不承认，它就在那里无形地存在着。这里有三条检测指标，可以判断企业部门墙的严重程度。

第一条沟通不畅。前程无忧网曾经做过一个调查：你认为公司哪个部门最难沟通，结果得票最高的是财务部。为什么多数人都把矛头指向了财务部呢？经过分析，我们发现，主要问题就在于财务人员一般不喜欢沟通，给人一种冷冰冰的感觉，其实事实证明很多都是误解。如果一个部门、一个企业，不重视沟通的话，就会无形中升起一道部门墙。

第二条协作困难。本来一件很简单的事，走个流程就能解决，结果分派下去后，每个部门只盯着自己的那一小块，尤其对于工作真空地带和职责交叉的那一部分不闻不问，直到最后暴露问题。上面领导虽然三令五申要求，但往往收效甚微，这就是典型的缺乏协作。每个人只关心自己那一亩三分地，置企业整体利益于不顾，这种情况下，部门墙是十分严重的。

第三条忽视客户。客户需要的东西迟迟不能提供，交付期限一拖再拖，让客户十分不满。组织内部山头林立，本位主义严重，根本不懂得相互尊重，成天都在扯皮和推卸责任，不知道“客户”为何物，这样的“部门墙”已经到了不可救药、非破除不可的地步了。

多年的管理经历，让我对部门墙有切身体会，总结起来，主要由以下几个原因引起。

一是心理基础。有人曾问我：“喻老师，有时候领导开会布置工作，很多人当面点头，可事后执行，真的要找他们配合时，他们却常常推三阻四，是什么原因呢？”我就问她：“你自己怎么看待这件事？”她说：“这些人习惯阳奉阴违，一直是这样。”我又问：“他们为什么会阳奉阴违呢？”她想了想，说：“可能他们觉得配合了，也没有什么好处吧。”我说：“你说得对，可这是工作，他们应该配合才是啊。”她说：“也许是他们就是不自觉。”我说：“问题正如你所说，如果我是他们，可能会这样想，配合没有什么好处，做不好可能还要承担责任，而且不配合也没什么坏处。既然这样，那多一事不如少一事，这样最好。对吗？”

人的本能是趋利避害，一方面要自我保护不受伤害，另一方面都想用最少的投入换取最大的回报。所以说，人性趋利避害的特点决定了“部门墙”存在的心理基础。

二是组织特性。一群不相干的人在一起，各行其是，那叫乌合之众，不叫组织。组织就是为了完成特定的目标，按照一定的规则组合在一起，形成团队。一个组织无论是赚钱的，还是不赚钱的，都是由一块块小的单元组成的，这样能够提高效率，但在单元与单元之间，却形成了天然屏障，各个单元里的人，只能盯着面前的一小块“自留地”，看不到全貌，更看不到别的单元在干啥，这时就出现“盲人摸象”的情况。如何打破这个屏障，实现有效协同，就成了大问题。所以说，组织单元化本身的缺陷，也是导致部门墙产生的根本原因。

通过上述分析，我们知道，“部门墙”既是屏障，又是障碍，它不以任何个人意志而转移，哪怕这个人多么伟大，多么能干，也不可能完全消除它。但作为管理者，尤其是一把手，必须先从破拆部门墙入手，重新塑造组织文化。

部门墙导致的六大障碍

（1）外部环境——一般来说，办公空间狭小局促会让人感到压抑，办公室安排不合理会让工作很不方便。比如，工作关联性强的部门，如果办公室离得很远，就会降低沟通效率，影响沟通效果。

（2）气氛不融——企业有大气氛，也有小气氛，大气氛要靠企业领导营造，小气氛靠部门领导营造。如果各人自扫门前雪，彼此不相往来，一旦出现负面情绪，就会迅速蔓延，传染给每个人，导致士气低落、气氛很差。其实多数人是缺乏免疫力的，世上本来没有“墙”，防范的心多了，也就成了“墙”。

（3）利益冲突——每个部门都有自己的利益诉求，当部门利益不一致时，部门之间很难配合。大家配合没什么好处，甚至会产生冲突，那不如不合作。

（4）机构臃肿——部门林立，人员众多，人浮于事。各种秘书、助理等辅助性岗位过多，增加了管理层级，传递信息时容易失真，且指挥链过于复杂，组织虚胖，这都是机构臃肿的典型障碍。

（5）流程繁杂——流程文件一大堆，看似很完善，实则文件和执行两码事、两张皮。流程把简单问题复杂化，导致沟通成本链条过长，成本过高，得不偿失。

（6）语言障碍——组织中缺乏通用的沟通语言，各说各话，或者相互说的听不懂，导致对话不在一个频度上，必然产生沟通障碍。

以上这些障碍往往盘根错节、相互影响，所以，很难用一种方法解决问题，因此，必须通过系统化的管理，通过一整套环环相扣的组合拳，才能从根本上破除障碍。

破解部门墙的五大方法

到底有什么办法打破部门墙，将一个个单元捏合成一个无坚不摧的团队？

第一招，工作场所设计。

工作场所是员工体验最直观的物理空间，直接影响员工的感受和感觉。

工作场所要起到很好的沟通桥梁作用，就要精心设计、合理规划布局，多方面花费心思。比方说，办公场所的颜色是不是看上去舒爽，房间是不是通风，隔音效果是不是良好，光线是不是明亮，格局是不是合理等。当然，在这里不是讲迷信风水，而是讲科学设计，因为办公场所会直接影响员工的身心健康、部门合作与沟通效果。

其实，看一个办公环境布局是否合理，只需要多问问几个人的感受，然后亲自坐在里面感受一番，基本上就能判断出个八九不离十。

第二招，设计一致目标。

很多部门不能在一起做事，主要原因是缺乏一致目标。我就经常听到一些朋友说他们的市场部和销售部经常吵架，销售的常常怪罪市场部，说市场部给的促销方案有问题，导致很难做销量，反过来市场部埋怨销售部的不是，说销售同事不能很好地理解促销方案，各执己见。如此这般，我发现，出现这些问题的根本在于目标不清晰——你到底要的是销量还是利润？销售和市场有职能分工，但其职能又不能完全分开，他们必须在同一个明确而清晰的目标下做事，否则就会出现这种互不相让的情形。

所以，形成目标共识很关键。那么如何达成目标共识？

首先，你得利益一致。做好了，对大家都有好处，做不好，大家都没好处。一损俱损、一荣俱荣。除此之外，还要公平对待，而不是厚此薄彼。各个部门，要一碗水端平，这就能解决短期目标一致的问题。

其次，你得理念一致。一个有梦想有追求的组织，除了利益一致外，还必须理念一致，这里所说的理念一致，就是我们对待一些事情的看法，有相同或相近的思维方式，如果不一致，要一起讨论协商，直到达成共识，这个共识也可以理念一致，比如有的老板把人当作成本，就会拼命地压低员工工资，而有的老板把人当作资本，就会加大对员工的培养培训投入，如果出现这种情况，就需要明确一个指导思想，尤其是组织中经常出现的事情，必须形成统一的认知，这样才会配合得好。

那么，利益一致、理念一致，是不是就能够让目标一致了？这还是不够的，在职责和功能上，还必须有落地的办法，这就需要第三招——完成职能转型。

第三招，完成职能转型。

我们常常谈管控模式，其实这是非常落后的思维模式，最根本的改变，是要完成职能转型。

有些组织架构出现职能交叉、各自为政的情形，其根源就在目的不明确，目的不明确就会导致定位模糊。你是管控型的，还是服务性的？你是服务于广大老百姓的，还是服务于其他机构的？都没有个说法。要解决这个，有两个办法。

（1）确定负责人。不管什么事，不管是哪个部门管，都要事事有人管，必须有一个且唯一的负责人。一个人可以管很多事，但一个事只能一个人负责，这是管理的基本原则，谁违反了这一条，就会很乱，所以不管什么事，都要确定唯一的主要负责人。

（2）组建“特种部队”。一个组织，会有各种各样的任务，光靠减少层级不是根本的解决办法，只管一时，不管长远。除了正式组织以外，为了解决一个特殊问题或者达到某一目标，你得组建一支“特种部队”，成员来自于各个部门，平时都在干自己的本职工作，但是，一旦有特殊任务，小组成员就必须临时组建起来，形成虚拟工作团队，比如新产品设计问题，应该把销售、市场甚至采购、生产等各个部门全部集合起来，各自提出看法和改进方案，形式可以采取定期会议或行动学习的方式进行。只有形成这样的协同，才能够保证一致的目标能够落实到每个人的头上。按照未来企业管理发展趋势，所有的管控型职能定位都要向服务型定位转变，只不过是服务对象变了而已——从服务于上级到服务于客户。

第四招，进行岗位互换。

“屁股决定脑袋”。也就是说，你处于什么位置，就会说什么样的话，因为你的立场决定了你的观点。

我们会发现，很多相互指责的部门，你给他们召集在一起协调，道理说了一大堆，他们频频点头，道理似乎都懂得，但依然会坚持己见，或者当时同意达成共识了，没过几天，又反弹回去，各行其是。你有没有见过这种情况，是不是感到很奇怪？其实，人的感受来自于切身体会，别人很难感同身受。梨子好不好吃，只有你吃过才能体会到其中的真味。我们很多人经常指责老板，说老板这不好那不好。其实让你做一回老板就能体会出来：老板为什么不容易。

所以针对这种人，平息相互争议和指责的最好办法，就是进行岗位互换，把销售部经理调做市场部经理，把市场部经理调做销售部经理，这样就会让他们从内心里产生同情和理解。

这个办法，不妨试试。

第五招，领导协调推动。

领导处于决策的中心位置，他不能像鸵鸟一样把头埋进沙子，无视问题、逃避决策，他必须勇敢面对眼前的一切，他的决断力体现了一家企业的眼光与远见。

就拿本节开头的合同评审这件事来说，如果是站在销售的立场，他比谁都更渴望尽快签署合同，因为这与他能否拿到销售提成息息相关，这样他就很难把握合同的风险；如果是站在经营者的立场，我们就要判断这里面的风险，包括对方的资信、付款方式、付款条件等。

不是所有的合同都要签署，对我们有价值的、风险小的、有战略意义的合同才可以签署。当这些问题交织在一起的时候，就需要领导拍板，并且建立起真正的规则：哪些是常规合同，哪些是特殊合同，哪些需要评审，哪些需要领导同意……领导是企业的主心骨，他是部门的协调者和调停者，也是事情的决策者和终结者；只有领导，才能对一家企业最终的决策和后果负责。

不管组织怎么扁平化，不管阿米巴式的经营核算单位怎么划分，不管如何宣称让听得见炮火的人做决策，背后的那个人——领导，必不可少，他是灵魂人物；做决策，不能依靠各部门，而是领导本人，他是最需要发挥作用的人。

第三章　企业文化
——不忘初心，传承久远

愿景、使命和价值观是企业文化的核心。彼得·圣吉在《第五项修炼》里有一个精辟论断。

“愿景回答的是追寻什么？使命回答的是为何追寻？核心价值观回答的是如何追寻？”

换句话说，愿景是产生信念的基石，而信念是完成使命所必需的心理能量，并能被催化为具体的行动，而核心价值观是决定使命是否具有崇高性的重要因素。因此，愿景、使命、核心价值观三位一体，决定了一个组织的方向与性质，是组织人的行动指南和价值判断标准。

第一节 创建愿景 塑造文化

创建并分享企业愿景

企业文化必须有一个“主心骨”，即愿景，用以贯穿企业上下和发展始终。

大道至简，愿景就是企业的“一”，这个“一”应当贯穿整个企业的组织形态、价值体系与行动指南。因此，从某种意义上来说，愿景超越了企业和员工之间的雇佣关系，它让员工把组织的梦想当作方向，朝着同一个目标努力。同时，愿景的力量是不可低估的，没有什么比凝聚人心更能够改善绩效。

既然愿景这么重要，为什么很多企业做不到呢？有人说是因为很多企业愿景不能共享，这就不可能爆发出企业文化的实际能量，于是企业就把目光停留在如何共享上，不断地进行催眠式宣传和推广，甚至要求死记硬背和考试，最后却发现除了一时的热闹之外，行为模式并没有得到根本的改变。因为这种宣传从一开始，就是没有建立在充分的开放和对话的基础上，那么认同感就会很差，失败也是必然的了。

至于这个核心是谁提出来的，其实并不重要，重要的是在产生和提炼愿景的过程中，需要管理者发动企业里的每个人的积极性，让大家共同参与，这样才能塑造出真正的“共同愿景”，否则就是闭门造车、纸上谈兵，再华丽的言辞也掩盖不了空洞的内容。

愿景的强大力量

有一句古语叫“仓廪实而知礼节，衣食足而知荣辱”，跟马斯洛的需求层次论一脉相承。但是对于有追求的人类来说，并不是因为吃饱喝足后才有信仰，而是为了信仰去想方设法创造物质条件。

哪怕在远古人类时代也一样。

在传统的想象中，人是先建立起村落，接着等到村落繁荣之后，再在村落中心盖起信仰中心。但哥贝克力石阵显示，很有可能其实是先建立起信仰中心，之后才围绕着它形成村子。（摘自《人类简史》）

还有创业，创业就是从0到1，从虚到实！先建立信仰，再建立组织实体，而不是一开始有了实体才去想信仰的事，那还要创业干什么呢？这就是人类的创造力与探索未知的价值。彼得·德鲁克也说过类似的话：企业存在的价值是创造顾客。

一个心中有愿景的人，他工作时，想到的是盖大厦，而不是砌墙，他能发现自己所从事工作的意义，因此他在工作时不会感到迷茫。可以说，心中有愿景和没有愿景的人做事时的心态完全不同。

一个人能不能在岗位上做好，一方面取决于这个职位设置是否恰当，即合适的汇报关系、团队配置、工作的挑战性，另一方面取决于这个人本身，即他的意愿和才干，还有他的信念。

愿景看上去高不可攀，其实与每个组织、每个个人都息息相关，它不仅可以想象得到，也可以触摸得到，因为它与每个人内心的追求是相互连接的。

电视剧《乔家大院》里面的乔致庸多次说过一句话：汇通天下。为了实现这个理想，乔致庸通过不懈努力，最终改变了传统商号。一个商人，甘冒杀头风险做有利于整个营商环境的事，这需要一种什么样的献身精神？在今天看来，他不仅是一个商人，更是一个企业家，他的愿景就是“汇通天下”，虽然他从来没有这样说过，但实际上一直就是这么做的，这非常了不起；另一个是马云，创办了阿里巴巴，常挂在他嘴上的就是“让天下没有难做的生意”，他打造了互联网商业生态，对人们的商业行为和生活方式影响深远。

愿景能解决什么

可能有人说了，你举的这些例子都是大人物。那好，我们就说说身边的案例。

某企业，有两个技术团队互相不服气，都认为自己的技术比对方强，谁也说服不了谁。天长日久，两个团队的隔阂进一步加深，甚至连共同举办的团队活动，只要一方参加，另一方就不参加。

最让人纳闷的是两个团队既没有仇怨，也没有什么利益纠葛，那只能在“价值认知”上寻找原因。经过调查，发现彼此不认同的主要原因是认为对方“不尊重”自己，怎么个不尊重法？就是对方言语上让自己感觉不爽：“大家都一样做事，凭啥受你指派？”

技术人员的通病往往在于技术很强，可往往很自恃，缺乏相处技巧。比如，对别人说话直来直去，从不考虑对象是谁，却又要求对方对自己足够尊重，这就容易产生矛盾。彼此感觉越来越不爽，干脆老死不相往来。

针对这一点，我们试图改变技术人员的价值观，做了很多劝导、说服工作，摆事实讲道理、磨破嘴皮子，最后还是不见有多大效果，于是我们得出结论——

对于成年人来说，你想通过劝说改变他的价值观，比登天还难。答案在哪里？在存异基础上求同，这个“异”，就是我们承认两个团队彼此竞争、互相不服气；这个“同”，就是共同的愿景——做出让客户喜爱的卓越产品。

当两个团队都认同这一点时，才真正地坐下来共同探讨解决问题了。

我们常常说要以解决问题为导向，但当你解决了一个老问题时，发觉又带出了新问题，就像你按下了地毯的一个鼓包，却发觉又凸起一个新鼓包，你只是重复的做按压动作而已，根本没有解决地毯不平的问题。

换句话说，以问题为导向很难解决根本问题，只有以愿景为导向才能找到真正的答案。

好愿景的特征

“我们要成为家电行业的领导者。”

这句话不难懂，但是不是一个好愿景呢？准确来说，这是目标，不是愿景。再说，你能否成为领导者，消费者并不关心，消费者关心的是谁能给他带来价值。

一个好的愿景，最突出的一点就是体现出利他性，给客户性价比，让用户拥有价值感，甚至满足了普通消费者的需求。

“让每个人桌面上都有一台电脑。”不管这个口号是不是太大，但出发点就是利他，让每个人得到实惠和好处。

创办企业，本身就是为了满足未被满足的需求，出发点就是要利他。

所以，一个好的愿景，一般包含这样几个特征：一是前瞻性，包涵市场发展趋势，满足市场需求；二是利他性，为顾客、伙伴、员工创造价值；三是通俗易懂，一看就能明白什么意思。

如何创建一个愿景

一个好愿景是如何产生的？答案是：一起去寻找。

企业在创立之初，创始人大脑中的事业构想是什么？他为什么要做这份事业？这样的问题对很多创业者是很难回答的，因为很多创业者开始创业的想法很单纯——就是想办法多赚钱，简单粗暴，能生存下来就好，其他并没有想那么多。像这种情况比较普遍。愿景有一个形成的过程，开始并不是那么清晰，甚至处于“走一步看一步”的状态，但是企业不解决“往哪里去”这个大问题，就始终会在原地徘徊甚至不进则退，这就需要企业在解决了生存问题之后，必须把“愿景”这个问题摆在桌面上来。

按照一般性的做法，首先要结合企业发展定位，征求员工的意见，并将这些意见集中，进行充分讨论，最后由企业的创立者们根据这些信息进行综合决策，提出一个可视化的未来构想，作为企业追求的目的。那么这样一个从上到下，再由下到上，融合整个团队成员智慧的过程，是一种非常好的参与行为，会增加企业的向心力和认同感，这也是为什么愿景要一起寻找的原因。

愿景绝不是一个人的一时兴起，而是一群人在实践过程中逐渐形成的共同理念，这在以开放著称的互联网文化的今天更是如此。

高管要经常分享愿景

很多企业喜欢把愿景写在墙上，哪怕描绘的很形象，也会显得很空洞。而且，人有逆反心理，你越是强调的东西，人往往在内心里越抵触，因为人在内心里就不喜欢被洗脑。愿景是需要一把手亲口跟员工分享，以面对面的方式效果最好，因为员工能真切地感受到。

作为企业的领导者，有好的愿景不能“独自享用”，必须与员工分享，而且要持续不断地在多种场合分享，将组织的信念与核心价值观深植人心，即所谓：牢记初心，不忘使命！

分享企业的愿景，可以通过新员工培训、各种专题会议，经常性的重复，年年讲、月月讲，才会有更好的效果。

从根本上来讲，只有将员工个人的志向、责任感、价值观与一个组织的愿景、使命达到高度一致，才会形成组织共识，产生群体力量，使企业向正确方向不断迈进。

价值观是 1，能力是 0

把诚信当作企业的立身之本

价值观不仅是利益问题，更是大是大非问题。

2016 年，在阿里巴巴内部展开的中秋抢月饼活动中，4 名程序员使用脚本，多刷了 124 盒月饼。在此事件中，阿里巴巴迅速辞退了 4 名当事人。

阿里巴巴可谓反应神速，毫不手软，不管这几个人过去做过多大贡献。当然，不排除这其中有躺枪者，有叫屈者。因此，有人评价阿里巴巴这是“小题大做、处罚过重”，认为那几个工程师是“无心之失”，在感情上是同情的。

但当我们去梳理阿里巴巴的成长历程之后，你就会明白：同情归同情，阿里巴巴能走到今天，没有这种对价值观的坚持，恐怕会功亏一篑。其实，阿里巴巴不是第一次出现这种情况。

2011 年，因 B2B（Business to Business，简称 B2B，即企业对企业）平台供应商涉嫌欺诈事件，导致当时的 CEO 卫哲引咎辞职，当时马云是这样说的：

“我承担的就是卫哲的离开，这是我在阿里巴巴 11 年来最大的痛，因为是兄弟，失去的是亲情。”但公司出了这样的事，“一定有人为此付出代价，而承担最大的代价一定是 CEO”。

颇有一点挥泪斩马谡的感觉。

阿里巴巴的员工考核体系可以分为两类：KPI 体系和价值观考评体系，其中的价值观考评，比重占到一半以上。

价值观这东西摸不着、看不见，既不好界定，又很难说清楚，怎么考核呢？只能通过具体的行为描述和判例来逐渐形成参照系统，形成“企业文化”的一部分。

按理说，阿里巴巴的核心价值观有好几个，但为什么单单在“诚信”这一问题上毫不退让、采取零容忍的态度呢？这还得从阿里巴巴的立身之本说起。

从商业和技术上来说，搭建一个网络交易平台可能不算什么，但阿里巴巴发明了支付宝，支付宝解决了网络交易中的信用问题。并且带动了一大批支付工具和金融理财工具的繁荣，实现了跨界打劫，真正动了银行业的“奶酪”，后来成立蚂蚁金服，推广蚂蚁信用，致力于构建整个诚信体系。

马云表示：阿里巴巴用商业的方法向人证明，诚信值多少钱，这是阿里巴巴一个财年为什么能实现 5 000 亿美元销售的基石。

有人针对诚信问题，说淘宝假货泛滥，马云搞双重标准，其实这有点强人所难了，假冒伪劣产品的存在是整个社会问题，不是一个企业或者一个平台就能解决的，在 2016 年“3 • 15”前夕，阿里巴巴举行治假团队 300 人誓师活动，马云高调宣称成立“打假中国队”，不管你说他是不是作秀，至少在态度上他是坚定的，而且我也认为这是马云的使命追求。

所以，综合以上情况，你就能理解，为什么阿里巴巴对待诚信问题为采取零容忍了？因为这是阿里巴巴存在的基石。

不要把个人利益置于集体利益和客户利益之上

某企业的一个研发团队做一个很重要的交付项目，正在关键时刻，研发团队骨干要求提高待遇，于是向公司“逼宫”——如果老板不答应，将带团队卷铺盖走人。

这个项目一旦不能按期交付，不仅会损失巨大，而且在客户那里的信誉也将受到严重影响。在这个节骨眼上，这些做研发提出的待遇要求就相当于扼住了老板的咽喉。

最后，经过反复权衡，老板在气愤之余和万般无奈之下，只好答应了研发团队的要求。虽然老板保住了一时的利益，但却丢失了更大的利益。

从长期来看，公司的损失是不可估量的。因为，从这一天开始，在文化层面，老板树立了一个不好的榜样，做任何事，都有了讨价还价的余地。有了第一次，也就有了第二次、第三次……最后，错过了成为国际第一流企业的机会，非常可惜。

第二节 组织氛围——工作环境设计与注意力管理

美国西雅图的华盛顿大学准备修建一座体育馆。消息传出，立刻引起了教授们的反对，校方于是顺从了教授们的意愿，取消了这项计划。教授们为什么会反对呢？原因是校方选定的位置是在校园的华盛顿湖畔，体育馆一旦建成，恰好挡住了从教职工餐厅窗户可以欣赏到的美丽湖光。为什么校方又会如此尊重教授们的意见呢？

原来，与美国教授平均工资水平相比，华盛顿大学教授的工资一般要低20％左右。教授们之所以愿意接受较低的工资，而不到其他大学去寻找更高报酬的教职，完全是出于留恋西雅图的湖光山色。西雅图位于太平洋沿岸，华盛顿湖等大大小小的水域星罗棋布，天气晴朗时可以看到美洲最高的雪山之一——雷尼尔山峰，开车出去还可以到一息尚存的火山——海伦火山。他们为了美好的景色而牺牲更高的收入机会，被华盛顿大学经济系的教授们戏称为“雷尼尔效应”。

营造良好的办公环境

一家企业的工作氛围好不好，除了人的因素外，外在物理环境不容忽视，因为物理环境对工作氛围影响很直接。

作为管理者，在经费有限的情况下，要尽可能地想办法创造良好的外部环境，把钱用在刀刃上，毕竟，我们每天的工作场所是高频率使用的，是刚需，而被一些人津津乐道的“团建”却并不是，千万不要花那些没有多少实质用处的冤枉钱。

“我每天去办公室，总感觉死水一潭，看到大家没什么活力，开会的时候征求大家意见，也没什么回应，我的团队到底出了什么问题？”

我在为一家企业做管理咨询顾问的时候，他们的老总提出来这个问题。我就直接问他：“是不是你的员工怕你，不敢在你面前说话？”

他很坦率地说：“应该不存在这种情况，我偶尔会比较严厉，但也仅限于对工作要求上，大部分时间我管的都比较松，也很照顾员工的想法，即便他们有什么不同意见，我也从来没去打压过。”

老总的这个说法，在我对员工进行随机访谈时得到了证实，不过我随即产生了一个疑问：那为什么员工工作氛围不浓呢？除了内部激励需要优化以外，问题还出在了哪里？

通过实地走访，再结合我掌握的一些粗浅的工业心理学知识，终于发现了一些端倪。

这家企业的装修风格以浅蓝为主色调，办公室没有吊顶，显得空荡荡的；白色墙上很单调，仅有的几幅画框还是黑色的；走道特别宽阔，办公桌隔间很大，中间稀稀落落地坐着几个人……

工作场所给到员工最直观的工作体验，直接影响到员工的情绪和感受，进而对绩效产出也会产生影响。我认为，一个良好的办公环境，至少要做好以下 3 个方面。

1. 保持开放，打造透明隔间

多年以前，我刚刚参加工作，第一天上班看到办公室的门开着，我就主动去把门关上，这时候经理叫住我，让我把门重新打开，他语重心长地告诉我："我们人力资源部的门，是要永远敞开着的。"

当时我还不太明白，因为很多其他部门都是关着门办公的，直到多年以后，我才领会到经理的深意。

各个部门加强协作与沟通，就必须增加透明度，让员工更容易走到你的办公室，也能让大家能一眼看到你在干什么。所以把墙壁改造成玻璃式的，不仅能够增加亮度和透明度，而且能够塑造开放式的企业文化，降低人与人之间的沟通门槛。

甚至有设计师提出，可以把会议室设计成全透明式的，这样做既可以展示公司决策的透明性和公开性，也可以让员工感觉距离公司的权力中心很近，是聚拢人气、激发员工积极工作的好办法。

2. 办公室的布局与分配要合理

办公室不是一味追求"大"，大了很难聚拢人气，最好将办公室内的通道设计曲折一些，增加员工在办公室内的移动距离。

员工多走几步意味着碰到更多同事，制造更多打招呼和相互交流的机会，能够增强员工对办公环境的自然融入。

还有就是办公室的分配要尽可能的合情合理。

处在领导秘书、助理这样的岗位人员一般总是能得到老板信赖，这是为什么呢？除了这类岗位上的人员自身素质外，还有一个重要的原因，那就是"离得近"——这不光是心理上的，更是空间上的。空间上离得近，很容易产生亲近感，所谓"近水楼台先得月"就是这个道理。

同在一处办公，有的部门位置距离领导很远，会给人一种神秘感和陌生感，不容易产生心理交集，想获得老板信赖是比较难的。相对应的，那种见到老板退避三舍的人，一般很难获得提拔。

同理，因为工作原因，很多工作联系紧密的部门应该安排在一起，比如一些制造型的企业，其采购、生产、物料等部门，最好集中在一起办公，就是为了便于沟通，提高工作效率。

3. 视觉设计要鲜明醒目，交互设计要符合习惯

颜色心理学表明，不同颜色对人的心理会产生不同影响。

像开头介绍的办公室装修风格，感觉比较古板，有点“冷淡”风，难怪显得员工不热情。还有他们为了省钱，安装音响的位置也不对，造成回声，让人听了很难受，这就属于不专业。

真正懂装修的，要考虑到环保、健康、布局、颜色、光线、声音等种种因素，以达到最佳的沟通使用效果。当然了，这些都是要花钱的。但是为了打造一个能激发创意的工作空间，这些都是值得的，应该交由专业的设计人员司来做。

针对案例中的企业，其实可以从以下几方面着手改善。

第一，条件允许的话，应重新设计办公室。比如装吊顶，设计曲型走道，缩小大办公室，再区分隔间，换掉目前的办公桌椅，然后把人员座位集中，以聚拢人气，不要一概追求超大的空间配置。

第二，在颜色使用上尽量丰富。可以将那些黑框变成其他暖色调，在单调的白色墙壁上适当设计一些活泼有趣的企业文化元素，增强情绪感染力，起到激发员工相互交流的作用，这也可以说是另一种人与人之间的“交互”了。

第三，做好功能区的设计划分。传统功能区的划分主要是从“事”的角度出发，比方说测试区、仓库、实验室等，却容易忽视人的因素。对于搞创意制作的公司来说，人的因素是最主要的。

比方说，神经学家奥利弗·萨克斯（Oliver Sacks）就曾建议，如果你要在同一个桌子上完成两个完全不同的项目，那就把桌子划成两个区域，在不同的区域做不同的工作。进入一个新的空间可以让大脑重启，从而保证创造力不受限。

通过以上 3 条有针对性的改进意见，再加上对这家企业的文化标语进行更新，用较少的花费使得整个办公环境面貌焕然一新，能直接观察到的情况是：公司员工的精神面貌一下子上来了，感觉活力四射，工作效率也得到了明显提升。

做好员工注意力管理

科技无论如何发展，人的注意力始终是有限的。

如果说愿景是对未来的展望和想象，那么注意力则是当下最需要关注的问题。

百度有一句产品口号叫“简单可依赖”，说得非常精准，在注意力有限的情况下，产品越简单好用（可依赖），就越有竞争力。

正当华为蓬勃发展的时候，任正非却喊着华为的冬天来了，正当华为如日中天的时候，却出了一本书叫作《下一个倒下的会不会是华为》，正当人们大谈华为手机要超越苹果的时候，华为却喊着请不要吹华为了，要降降温……

与其他名企相比，华为似乎总是有些另类和特立独行。

有人说这是华为特有的忧患意识，也有人说这是华为变相宣传自己的套路，反正说什么的都有，我更愿意把华为的行为看成是一种对注意力的管理。

因为你的注意力在哪里，你的心就会在哪里。领导的注意力在什么地方，员工注意力就会在什么地方。一个人注意力分散的时候，就会心不在焉。一个企业想做的东西太多，同样会分散注意力，那它就无法把一个东西做好。

而注意力的巨大价值是很多人都能感受到的。对注意力的管理从来都没有像今天这么重要过。

在移动新媒体时代，每个人都面临着海量信息和各种声音，如何避免杂音干扰，保持一颗独立、清醒、冷静的头脑，异常关键，否则就会把有限的精力耗散在毫无意义、毫无价值的事情上。

那么，对注意力如何管理呢？

首先，要弄清楚自己的注意力在哪里。

你把注意力放在运营上，可能会忽略产品，你把注意力放在产品上，可能会忽略人员，你把注意力放在人员身上，可能战略又会出现状况……每个阶段会有不同的重点，你的注意力也会跟着转移，但是无论如何转移，一定要有一个中心，那就是定位，这个定位不因外界的风吹草动而动摇。

否则只会前功尽弃，这就是战略专注力。

其次，要清楚员工的注意力在哪里。

在移动新媒体时代，人的注意力很容易被干扰，一项统计数据表明，每人每天至少要点 40 次微信。如果员工把注意力放在与工作毫无关联的猎奇、八卦、闲谈上，就会对工作失去专注力。

对于企业的管理者来说，一家企业的风气靠的是注意力习惯的养成，因为注意力就是风向标。管理者要善于把员工注意力引导在关注组织持续成长和创造巅峰绩效上来。如果管理者一味地沉醉在昨天的荣光或者气急败坏中，很可能就会失去眼下的机会。“当你为错过太阳而流泪时，那么你很快就错过星星了”。

管理者要做的，就是给予正确和积极的引导，让大家适可而止，不要忘了本职工作。

所以，如何制造和引导话题，形成组织舆论阵地，时刻把关注点放在最能产生绩效的地方，防止员工工作偏离方向，这是企业 HR 和“意见领袖”们面临的重要挑战，也是急需补充的一课。

再次，营造仪式感。

企业可以通过营造仪式感的方式转移员工注意力，提升满意度。

可以从员工入职到试用转正，再到晋升、异动以及离职等关键环节，设置一些小仪式。

比方说员工入职有欢迎仪式，总经理送上红包作为见面礼，然后跟部门同事见面，一一介绍熟悉，吃欢迎饭。转正的时候，先做转正述职，顺利转正后举行转正仪式，由员工本人发表试用期感言，并展望下一步的工作设想，领导给予点评和勉励，然后再发放转正纪念品、合影留念等。

要发动尽量多的员工参与，因为任何一个人，都是企业的一分子。一个人或许无法改变环境，但可以对环境施加积极影响，只要人一多，就可以形成良好的工作氛围，自然就减少了不良干扰因素。

第三节 打造雇主品牌 坚持做“唯一”

雇主品牌，不仅仅与“雇主”有关

“雇主”是一个与“雇员、雇工”相对的概念，在中国人的文化习惯里，“雇主”的叫法总给人一种地主老财周扒皮的感觉，很容易让人联想到雇员是被施舍甚至被剥削的一方。马云提出打造“幸福企业”的概念，就是对雇主品牌这个叫法很反感。

“既然是雇主品牌，关我雇员什么事？”这样就会把雇员阻止在外，很难让雇员参与雇主品牌建设中来。那么问题来了：雇主品牌只是雇主的事吗？

在知识经济和共享经济时代，组织越来越平台化和社群化，员工与组织之间不再是单纯的雇佣关系，而是越来越呈现出一种联盟关系（合作、合伙），“雇主”的概念在逐渐弱化，“合伙人”的概念却在悄然兴起，从这个意义上来看，“雇主”所指的不再是老板个人或者极少数股东、投资人，而是组织里的一群人，是一个集体概念。

一般情形下，企业品牌知名，雇主品牌自然知名——当然也不全是这样，有些巨无霸型的企业名声在外，但雇主品牌却很低调，甚至绝大部分人都叫不出这个企业一把手的名字，更不知道这个雇主品牌管理有什么特色，不会像华为那样时不时地流出内部讲话或者新的人力资源管理举措。那美誉度呢？做出好产品的企业一般会有雇主品牌美誉度，因为这里面隐藏着一个假设，即好产品是优秀的人干出来的，而优秀的人是企业吸引和聚集起来的，如果雇主品牌不好，优秀的人怎么愿意加入并留下来呢？当然，我们也应该看到，有些企业品牌知名度高，但是美誉度不佳，一些负面事件对雇主品牌的美誉度伤害很大，也间接影响了人才加盟这家企业的意愿。

所以，知名企业的雇主品牌未必知名，也未必有美誉度，但反过来说，有知名度、美誉度的雇主品牌一定可以提升企业品牌形象。这是其一。

其二，我们再来看看雇主品牌和个人品牌之间的关系。

先看员工个人对雇主品牌的影响，从组织的核心团队成员到员工个人，对雇主品牌的影响力依次减弱，但依然不可忽视普通雇员对雇主品牌的影响力，尤其在负面影响力方面。所谓“好事不出门，坏事行千里”，企业雇员的不当言行，会让公众对雇主品牌的良好印象大打折扣。

反过来，一个企业发生公众信任危机，同样会对雇员的职业发展甚至日常生活造成很大影响。

所谓城门失火，殃及池鱼，负面缠身的企业不仅影响员工职业生涯发展，甚至影响到个人资信，可见雇主品牌美誉度有多重要！平时感受不到，一到关键时刻，就会显示出威力。

以上都无一例外的说明：雇主品牌美誉度与个人品牌美誉度呈正相关关系，二者相辅相成。

那么在这些事件当中，给了我们什么启示呢？树立雇主品牌正面形象很重要！

首先，不过度营销。

打铁还需自身硬。会营销只能管一时，做长久还得靠产品力，说到底，要靠一支优秀的队伍。

只有当潮水褪去，才看清楚究竟是谁在裸泳。一家企业究竟怎样，我们不能被其表面上的虚荣和浮华所蒙蔽，也不能完全相信它的自我宣传和推广，而是要睁大双眼，仔细辨别。对于那种忽然之间冒出来的热门企业要特别小心，尤其是那种看上去很炫、不断兜售新概念却又没有实质业务的。人才竞争一直很激烈，很多公司为了抢人使出浑身解数，各种招人方法层出不穷，大玩文字游戏，比如：“期权激励拿到手软”（希望能弥补你看到基本工资后的脚软）、“有活力的技术团队”（团队平均工作经验<1 年）、“扁平化管理”（还没有招到带头人，或者是办公室格局要扁平）、“大牛云集”（我司属牛的同事比较多）。

即便公司通过这些包装技巧把人“套路”进来，但是当人家进入公司以后，发觉跟招聘时说的并不一致，立马会陷入深深的失望，觉得公司一点都不靠谱，甚至为此愤怒，找招聘经理算账，更有人为此闹到去仲裁，没有人希望看到这种结果。

其次，让众人说你好。

自己说自己好没有说服力，而且难逃自卖自夸的嫌疑，过去很多做雇主品牌宣传的都是往自己脸上贴金这个套路。

因为过去很多人对企业的了解渠道很有限，处于严重信息不对称状态，企业宣传推送的信息很容易让人接受，但现在情况不一样了，新媒体提供了众人发表和分享的平台，对于同一家企业，应聘者、在职员工、离职员工、合作伙伴、供应商都会对它做出评价或者体验描述（如“Glassdoor、LinkedIn（领英）、看准网”等），这样就产生了大量 UGC（用户产生内容），让人对一家企业的了解不再局限于接收单一的信息，而是能搜索到该企业更加丰富的内容，帮助使用者判断这究竟是不是一家好公司？

如果这个企业自己说得都很好，但是网上一片声讨，作为应聘者，就要引起特别注意。反过来，对人力资源管理者来说，要维护好雇主品牌声誉，对于不实的言辞或者情绪化表达，应该及时做好舆论澄清和引导工作。

再次，要找到三种人为你背书。

第一种人是人力资源顾问或专家，他会不厌其烦地把相关见解与朋友和客户分享，他们会在各种场景和媒介上介绍或者评价一家企业的雇主表现，他们往往充当着意见领袖的角色，影响人才的工作选择意愿。

第二种人是联系员，就是那种“认识了很多人的人”，这类人把朋友当作邮票一样地搜集，随时与人保持联系，这个角色可以把信息快速的散布出去。这种联系员一般会在员工（包括在职员工和离职员工），要善于寻找他们，并把这类联系员通过各种方式连接起来。

第三种人是推销员，就是那种“什么人都能够说服的人”，这种人没有很深的知识，但是有特殊的能力让见到面的人在短暂的时间就交付信任。这个角色能够把人力资源专家发现的东西与人们以简易的语言沟通，让大家了解和认识一家企业究竟如何。

如果找对了以上三种人，那就相当于提升了雇主品牌的知名度与美誉度。

怎样提升人力资源管理口碑

做雇主品牌的目的就是为了吸引人才，激发员工工作积极性，再说得大一点，是为了推广一个组织的文化理念，促进社会进步。

那么实质上，提升雇主品牌其实就是提升人力资源管理口碑。

那怎么提升人力资源管理口碑？说到底，对外，要吸引人才，靠的是雇主品牌知名度与美誉度；对内，要提升员工的自豪感、认同感与幸福指数。可以分为三步走。

第一步，确定人力资源理念并实际奉行。

比方说，要“以人为本、把人当人、尊重人”，不能成为一句口号，而是要实际贯彻，在人员招聘、培训、绩效考核等管理活动中充分考虑，把员工的感受和体验放在第一位。绝不把人当作机器和工具来役使，也不是纯粹的利用人，榨干人的体力和智力，一旦失去利用价值就抛弃掉。公司不轻易承诺，但一旦承诺将会全力以赴办到，因为诚信无价。同时，公司在开展商业活动中，反对采取任何不正当竞争手段，绝对不能违规、违法甚至犯罪，在内部管理上，按规则办事，有事摆在桌面上摊开来谈，反对拉帮结派，反对搞办公室政治，不玩什么“生态化反”这种似是而非的名词和噱头。守住诚信底线，不讲或者少讲情怀，不作任何不实的宣传，而是用真诚温暖员工，用以身作则、率先垂范带领员工！

第二步，持续给予员工发展和回报。

我曾与一位做PE的前辈请教他的投资逻辑，他告诉我，他的投资逻辑就是看重一家企业的内生性增长。而内生性增长的核心在人，主要体现在以下两点：

①团队要年富力强。团队成员要年轻，要有饿狼的劲头，要潜力大、后劲足，因为投资就是投未来；②老板要舍得分钱。说到底，钱给到位了，员工的动力和潜能才能被彻底地激发出来。

从内部打破的是生命，从外部打破的是食物。内生性增长的实质是个人与企业共同成长，不能剃头担子一头热，只强调一点，只重视一处，那这个事业就做不成。

没有好的回报，就不会有真正的认同感，说有认同感，那也可能是违心的。对员工来说，企业对他最好的认同就是良好的回报，对企业来说，员工对企业最好的认同，就是拼命工作、持续创造高绩效。

综合来说，就是企业要给每个员工提供上升通道和发展机会，摈弃企业和员工之间短期相互利用的关系，建立长期共同发展、共同成长、共享回报的理念和机制。

第三步，促进正向行为展现。

从高管带头，从我做起，无论在线上，还是在线下，都要做雇主品牌的代言人。号召每个员工在日常行为当中体现出专业和高素质，相信自己的产品和服务，对所在的企业有自豪感，敢于同有损雇主品牌的行为做斗争，敢于澄清不实传闻并据理力争。

面对客户、人才、合作伙伴与服务商时，体现出耐心、用心，表现出积极向上、奋发有为、团结一致的精神面貌，并为此经常收到客户的肯定和表扬。

做人力资源管理的可以有意识有计划的收集一些雇主品牌的行为案例，整理形成案例库和故事集，为后来者做好价值指引与精神传承。

让员工拥有自豪感

雇主品牌做得好不好，谁最有发言权？

是自说自话的雇主，还是第三方评比机构？又或者是专家和公众？

2018 年“双十一”，除了阿里销售额成功过 1 000 亿元外，还有一个新闻成功刷屏，那就是腾讯宣布赠予每位员工 300 股腾讯股票（每份价值超过 6 万港元），作为公司成立 18 周年的特别纪念。腾讯总裁马化腾说：“腾讯 18 年来，我更多想讲的是感恩，感恩所有的同事。”

腾讯宣布赠予股票这件事，让雇主面子有了，员工里子（实惠）也有了，而且选取的时机非常好，成功地抢了“双十一”阿里的风头，使传播效应最大化，可谓一举多得。

但毕竟不是每家公司都能做到像腾讯这么财大气粗，那怎么办呢？

一句话：“物质不足，精神来补！”这是前些天，一位从航天出来的前辈说过的话，他说：“公司能不能激发出员工的积极性，说到底，要看物质文明和精神文明抓的好不好，当物质文明达到一定程度，精神文明不用太费力抓，当物质文明跟不上的时候，精神文明就要狠抓。”甚为有理。

精神文明建设内容当然有很多，包括激励、关怀、关爱以及给员工提供更多发展机会等活动举措，如果落实到雇主品牌建设上，简单来说，就是你能不能让员工对公司有自豪感，再往上拔高一点，就是让员工对自己所从事的事业有没有自豪感。

就拿这位从航天集团出来的前辈来说，每当提起以前在航天的工作经历，他就非常自豪，他说航天人非常敬业，从不计较个人得失，面对各种想象不到的困难，总是团结一心、刻苦钻研，带着使命感数年如一日地坚持工作，这才有了载人航天、长征系列火箭的突破……就是凭借这种精神，完成了一个个看似不可能完成的任务，并且在世界上产生了强大的影响力。

对于这位前辈来说，他在航天工作的时候付出很多，而收入跟其他行业或企业相比则相对偏低，但是他却感到非常自豪，他的自豪感来自于对于航天事业的执着，来自于对航天精神的认同。

当然，腾讯是大型知名企业，那小公司能不能做雇主品牌呢？

前些年，深圳龙岗区有一家小型机械加工厂，在社区周边很有名气，这家工厂的员工在社区商店买东西，只要说是这家工厂的员工，报上姓名，商店都会很爽快的赊账，因为他们清楚这家公司口碑好、员工也很讲诚信，一回生二回熟，做的是长远生意，而员工也总是跟自己的亲友说："我们出去买东西，只要商店老板听说是我们厂的，就能赊账。"这家工厂跟其他工厂还有一个最大不同的地方，就是在每年年底举行的年会晚宴上，邀请所有员工家属参加，对家属的支持表示感谢，并且还创新性地做了一个孝心基金，即在每月员工工资发放的账户上拿出 100 元，公司再另外拿出 100 元，由专人将这 200 元逐月打入到员工亲属专用账户，此举收到了很好的口碑。一提起这家公司，不仅员工深感自豪，非常认同企业的管理文化，而且也得到了员工家属的高度认可，员工队伍一直非常稳定。

由于这家工厂管理得当，员工普遍有了良好的心态，工作起来就特别卖力，工厂效益一直很好，口碑在社区当中一度传为佳话。

相反，一些公司虽然很有规模和实力，但是在雇主品牌上，只注重面子不注重里子，有时候甚至只是出点钱，博取个"最佳雇主"的头衔，觉得脸上有光，或者以为这样就能把优秀人才吸引过来，其实呢？业内人士的眼睛是雪亮的。

在所属行业当中，一个企业雇主品牌口碑好不好，业内人士往往最知根知底，一味做表面功夫的企业，对吸引真正优秀的人才其实并没有什么用。

退一步来说，即使你所在的公司很赚钱、很有名气，但并不代表你的员工有自豪感，比如一些被负面新闻和传闻缠绕的企业，污染、卖假药、拒绝承担社会责任……损害了在人们心目中的公众形象，即使你再赚钱，员工也不敢公开声称他是你公司的一员，更不会以你这家公司为荣。

公司名声不好，员工会自动跟你"划清界限"，做出区隔；公司名声好，员工到哪里去，都会自动宣传："我是 ×× 公司出来的"，脸上满是自豪感，会以公司为荣。好事不出门恶事行千里，所以，一家公司经营可以有好坏，但是名声不能败坏了。

企业可以有大小规模之分、知名不知名之别，关键的是能不能让员工有认同感，以自己的公司为荣，这是多少钱都买不到的。说到底，集体自豪感来自于自己所属公司的价值认同。

作为 HR，在推动老板重视雇主品牌建设上，不是简单的喊喊口号，更不是天天谈愿景和理想，实际上什么都不干。因此，雇主品牌建设需要的是身体力行。

那么，如何让你的员工有自豪感呢？

第一，奉行正向的价值观。何谓正向的价值观？就是要有普世价值意义，比如提倡"诚信、负责、奉献"等，这不仅是一种道德要求，更是履行社会责任的一种表现。不只是嘴上说说，更是要去实际奉行，做到里外合一，这样才能给人以信任，才能增加集体荣誉感，有集体荣誉感的人，才会积极的做事，并且为这个社会带来源源不断的正能量。

第二，平台建设和维护。一个企业除了所拥有的产品和服务，就是拥有能够提供这些产品和服务的人力资源，产品和服务是死的，人是活的，有创造力的，所以要在公司治理、制度建设、员工激励、员工职业发展机会等方方面面要做好安排，倡导全体员工自觉维护好企业这块牌子。

几年前的某一天，我的邮箱里收到一封外来邮箱的邮件，我打开一看，发现内容是一个前些天我刚面试过的一个人发来的，她说：很感谢您的真诚邀请，我对贵企业的印象很深刻，尤其面试的时候，前台很热情，还给我倒了一杯水，温度刚刚好，您也很和蔼，没有耽误面试时间，跟我聊了很多东西，感觉很不错，我觉得自己很受重视，当时就想能加入这家公司应该很不错，只是回来后，家里发生了一些事情，我一时还去不了，很遗憾，真对不起，不过非常感谢您，不好意思给您打电话，就发了这份邮件感谢您。

我举的以上这个真实案例，并不是想证明我做得有多么好，只是想说，作为一名 HR，我们在做每项工作时，要把"雇主品牌"这个词时刻放在心头，用心在细节方面做到位，一定会赢得尊重，也一定会提升公司的雇主品牌形象，说千道万，不如给人以真实体验，这是最有说服力的。

第三，高层率先垂范。任何的经营管理理念，不管是倡导什么还是反对什么，高层如果不积极推动，效果就会事倍功半甚至完全没有效果。企业管理层人员自己要有自豪感，像董明珠一样（当然具体做法不一定跟她学）热爱自己的企业，通过率先垂范和持续不断的讲故事、案例分享，树立正面积极的形象，提升企业品牌美誉度，扩大社会影响力和覆盖面。

做好了以上几点，何愁员工没有自豪感呢？

第四章 团队搭建：获取人才，优化结构

有位朋友在一家世界500强外资企业工作多年，后来被挖到一家民营企业做销售总监。刚到这家新公司的时候，他摩拳擦掌、信心满满，本以为可以打拼出来一个新天地，谁知还没干满三个月就黯然离开。

这个朋友在外资企业时做得风生水起，所带的销售团队业绩也非常出色，可为什么一到民营企业，就干不下去呢？

“橘生淮南则为橘，生于淮北则为枳。”归根结底，出现这种水土不服现象，主要还是由于企业环境——文化、制度、流程不同所导致。一些外资企业经理人之所以能够长袖善舞，最主要的原因，不是因为他个人有多大才能，而是由于外企所提供的那个舞台好，一旦某一天离开了那个舞台，就立刻现出了原形。

第一节 工作分析，落实责任

设置岗位，形成岗位说明书

岗位设置不能刻舟求剑

一名外国年轻的炮兵军官观看炮兵操练，发现了一个奇怪的现象，每门大炮炮筒下都站着一个士兵，在操练过程中纹丝不动，他很好奇，就去询问炮筒下站着的这名士兵起什么作用？得到的答案是训练条例里就这么规定的。

这名军官通过查找历史资料，才搞清楚怎么回事：原来条例因循的是用马拉大炮的规则，有一名士兵的任务是负责拉住马的缰绳，防止大炮发射后因后坐力产生的距离偏差，减少再次瞄准的时间，现在改成机械固定，炮筒下这名士兵已经毫无用处，但条例一直没有修改。

看了这个故事，可能有人会觉得太匪夷所思了，怎么可能出现这样的事？但现实永远比想象得还要丰富。某公司有个“电梯管理员”，是个老头，他干什么工作呢？就是每天坐在电梯里，问乘客到哪一层，他负责按楼层按钮，更奇怪的是，那栋楼还不到 10 层，乘坐电梯的人并不多。所有人都会觉得，这完全是浪费。

后来经过打听，在很久以前，这栋楼有领导来访问，部门就专门安排了一个人负责按电梯，结果领导走后，这个临时性的工作竟然变成了一个长期固定岗位，也曾有人提出应该取消，但有人反对，认为这个“电梯管理员”有特别纪念意义，就没有人敢提出取消了，所以一直保留至今。

有些东西存在有其历史原因，但后来环境发生了变化，或者技术上有了革新，很多规定、条例就没有存在的必要了，否则就属于明显的刻舟求剑。

岗位设置应考虑的重要因素

无论是工作分析还是岗位设置，都必须依赖于要达成什么样的目标，然后根据所要达到的目标分配哪些任务，然后完成这些任务需要采取哪些行动，这些行动就是工作本身。

实际上，工作分析不能源于“过去的岗位工作”，而是源于任务。

第一，岗位划分不宜过细。进行分工的方向是对的，但不宜过细，否则容易导致与企业战略、和任务目标相脱节的情况，容易造成专业化倾向，降低企业运营效率。尤其对中小企业来说，更是如此。

第二，岗位设置不宜太宽泛。如果一个职位描述太多，什么都做，涵盖范围太广，就会失去了关键关注点，更会使人无法工作——什么都做的结果就是什么都做不了，什么都做不精。

很多小型企业在职位设置却喜欢往大企业的职位设置上套，结果却遭遇很多困境。在这一方面，尤其是一些企业在导入标杆管理时常常犯的错误，其根本的关键就在于孤立地看待职位问题，从而脱离了企业自身的业务特点和现实因素，为了达到标杆要求而不惜拔苗助长。其本来的目的是为了补钙，结果却导致肥胖，产生南辕北辙的情形。

那么如何做到岗位设置不能太细又不能太宽泛呢？这就要求对价值流程环节上的关键节点和因素进行仔细分析，看具备一般技能的人能否胜任，从而做出相应的设置。

因此，岗位设置应该从管理架构和指挥链的角度，价值链流程的角度，以及人员能力水平的角度去考虑。

岗位说明书的用途

岗位说明书不仅是 HR 的好工具，也是各级经理的管理助手。不过要看岗位说明书的内容是怎么得来的。

一种是直接“拿来”。比方说，直接从网上下载一个相同岗位的版本，在那个基础上稍加更改，然后交差，这样做效率很高，但往往与实际工作内容不符合。

一种是根据工作经验编写。自己过去怎么干的就怎么写，反正都觉得工作内容差不多，总结几条就是了。这样写，比较符合工作实际，但往往写的不够全面，且各人发挥余地很大，表述上缺乏标准化语言。

要想编写好岗位说明书，要思考这样几个问题：为什么要设置这个岗位？设置这个岗位是要解决什么问题？这个岗位在组织架构中如何定位？岗位职责是什么？主要工作内容有哪些？岗位的上下、平行、内外关系如何？

按照结构化思维，一条一条罗列出来，然后再反复推敲、修改、增删。通过工作分析编写的岗位说明书，永远比直接“拿来”更贴合实际，同时还能够在编写的过程中进一步加强对岗位的理解和认知。

所以最好的做法是抛开其他干扰因素，认真进行工作分析，尽可能多编写，然后再找相关参考资料对照编纂，这样的效果是最好的。下面就以案说法：

某公司招聘销售工程师，招聘经理按需求通知了很多人面试，可销售部经理就是看不上，不是觉得沟通不行，就是认为反应太慢，总之存在各种小毛病，不能录用。当请销售部经理按照岗位说明书要求来选拔人选时，他却说：以前的标准都变了，不要那么死板。

以前的标准是不是真的变了呢？招聘经理把销售工程师的岗位说明书拿来一看，上面有汇报关系，有工作职责，还有任职资格要求，知识、经验要求似乎都有。可是细一看，还是发现了一些问题。

第一，工作内容描述不具体。比如“负责公司软件销售”这一句，等于把招聘岗位的名称复述了一遍，说得不够具体。公司开发的软件有好几个产品系列，软件销售人员都是有重点分工的，所以名字同为销售工程师，实际上却有显著差别，是不是可以改为“负责公司档案管理系统软件的推广、宣传和销售”？

第二，缺乏能力要求。只是提出了要有“热情、努力”等态度要求，不好度量，缺乏明确的能力要求描述，比如“沟通能力、表达能力、拓展能力”等。一旦缺乏岗位能力要求，面试时的能力考察的针对性就要大打折扣！当然，最好的方法是为销售工程师建立能力素质模型。

第三，缺乏岗位核心价值描述。一份清晰的岗位说明书，前面必须有一句话能够描述岗位核心工作内容，起到概括、统领作用，让人一看就知道这岗位是做什么的。

经过修改后，一份新的销售工程师岗位说明书出炉了，如下表所示。

销售工程师岗位说明书

职位名称	销售工程师	所属部门	销售部	直属上级	销售部经理
填写日期	20××-×-×	制定人	王××	核准人	赵××
职位概要	负责公司档案管理系统软件的推广、宣传和销售，并提供相应的顾问服务				
工作职责	一、负责客户开发及维护 1. 根据目标客户定位拓展新市场、发展新客户，确定销售目标和实施计划 2. 履行签订产品销售合同，及时跟进收款 3. 解决并处理客户疑问，跟踪客户服务 4. 定期回访客户，维持良好客情关系 二、负责产品宣传推广 1. 负责向目标客户推广、宣传企业软件 2. 负责向潜在目标客户提供产品咨询及问答 三、提供和分享市场动态 1. 把握客户需求变化，定期归纳整理进行内部分享 2. 负责收集和分析行业政策、市场情报、竞品信息				
任职要求	**教育背景** 通信、计算机及其相关专业，本科及以上学历 **知识经验** 1. 2 年以上软件销售经验 2. 熟悉软件行业产品市场，了解主流行业技术 3. 熟悉软件专有名词、用途与功能				

续上表

技能技巧	1. 具备良好的客户沟通能力 2. 具备较强的市场开拓能力 3. 具有良好的客户需求把握能力 **态度** 1. 好学，有热情 2. 努力勤奋 3. 具有优秀的团队协作意识
工作条件	工作场所：办公室等所 使用工具：电脑、办公用具

不过岗位说明书不可能穷尽岗位上的所有事务，尤其对岗位职责的界定不能过于死板，否则很有可能闹出“某国人种树”的笑话。

有人在街头上看见有两个人在忙活，前面一个人挖坑，后面一个人把土推到坑里，再把前面的坑填上。这人很不理解，就跑过去问在干什么，填坑的那人停下手上的活计说：“我们在种树。”“可是，树呢？”这人很疑惑。“是这样的”，填坑人说，“我们本来有三个人，都分好了工，第一个挖坑，第二个放苗，第三个填土，但今天放苗的有事没来，可我们的活儿不能停。”

实际工作必须因地制宜，不能纯粹为了完成任务做一些“无用功”。所以在定义岗位职责时能细的地方尽量细，但也要有一定的弹性余地，不能定得过于死板。

锁定员工工作职责

谈起工作职责问题，我们很容易想起要责权利一致。为什么要这样呢?因为没有利益，没有权力，就没有责任。

这样的理解不能说是错误，但很有问题，真实情况往往是：员工拿了该拿的工资，安排了合适的岗位，还得到了充分授权，但是责任心却依然不强。这又是什么原因呢?

金钱当然可以带来责任，但必定是有限的——就像雇佣军，他的责任是建立在给他钱的基础上，并没有保家卫国的概念，更谈不上什么民族荣誉感。

“分清岗位职责”是理想状态，有些情况下很难分清

管理上有一条基本原则，即每个岗位要有岗位职责。

如果没有岗位职责，就很难界定每个岗位的责任，导致推诿扯皮、人浮于事，因为谁也说不清楚该干什么。

没有岗位职责确认，大家工作都在瞎忙，做无用功，导致目标落空，组织失去意义。这些都说明了岗位责任的重要性，尤其体现在责任对后果的影响上。

海氏（Hay Group）职位评估法三要素之一的“承担的职务责任”，分为直接责任影响和间接责任影响，直接责任影响包括分摊和主要，间接责任影响包括后勤和辅助，分摊指此岗位对结果有明显作用，但是通过其他岗位产生结果。

正因为这样，必须要分清职责，把每个岗位上都规定好职责，这很符合科学管理原理，也有利于岗位上的人聚焦到重要工作和所要担负的责任上。

但是，分清职责也有弊端，一部分人可能只干岗位职责内的事情，对其他一切都视而不见、漠不关心，真的是“酱油瓶倒了也不扶一下”。

可见，分清岗位职责本身就是一个很理想的状态，很多工作职责是很难分得清的，需要协同才能完成，不可能把一项职责一分为二。

就好像“各人自扫门前雪，休管他人瓦上霜”，表面上是这没错，但如果别人门前的雪迟迟不扫，就会影响公共通行，怎么办？

责任存在稀释和跳动特征，趋利避害是主因

人越多是否意味着责任越大？好像理应如此。

但是在“凑够一群人过马路”的行为中，却并不是这样，过马路的人觉得人越多，个人分摊的责任就越小，所受到的规则约束力和道德承压就越小，于是就会心安理得的闯红灯。

可见，责任是固定不变的，人越多越能够稀释它，有人把这种行为定义为“责任稀释定律”，跟法不责众的说法十分类似。

姜汝祥博士在他的《请给我结果》一书中，提出了责任稀释定律的概念，即一个人负责一件事，承担100%的责任，两个人负责一件事，各承担50%的责任，三个人负责一件事，各承担33.33%的责任，以此类推。

还有一组数据佐证，据说，一个癫痫病者发作的时候，旁边只有一个人在场，得救率85%，五个人在场，得救率30%，因为一个人决策成本低，五个人决策成本高。

说到底，在责任面前，每个人都很会计算。

同样，在“过马路”的案例中，很多人都会有这种心理：“这么多人闯红灯，不闯白不闯，反正我又不是带头的，有什么责任？”把自己身上的责任撇得一干二净，所谓的“人人有责”，往往是“别人有责”。

面对责任，人的第一反应是逃避，而不是迎接，所以很容易把责任推给他人，这就是责任跳动定律，一不小心就会甩锅、背锅。下面是工作中一个最常见的例子，你可以想象一下这种情景。

当你推开办公室的门，有员工立刻迎面上来问你：“经理，您昨天布置我做的事，现在出了点问题，你看这个事情怎么解决？”在这种情况下，你会如何回答？

有人把责任跳动定律比喻成一只跳来跳去的猴子，很明显，在上述情景中，你的下属把责任这只猴子送给了你，如果你不懂得如何回复，那么以后你身上的猴子就会越来越多，迟早得累趴下。

说到底，人性是规避风险、趋利避害的，大多数人都是不愿意承担责任的，从生物遗传的角度，为了群体生存下去，也可以说这是“自私的基因”。

法国思想家伏尔泰有一句名言：雪崩时，没有一片雪花是无辜的，但每一篇雪花都不觉得自己有罪。说的就是相似的道理。

如何锁定责任并让员工主动承担。

要解决责任稀释和跳动问题，就必须理解人性趋利避害的特点，让员工主动承担责任，那么以下这几个方法都被证明是非常有效的。

方法一，明确责任分担的角色。

岗位职责针对的是岗位，其规定的职责往往是固定不变的。但在实际当中，大多数工作都要走流程，需要彼此协作，那么在流程的不同节点上，不同的人要承担不同的责任，远非一个岗位职责就能覆盖，因为其在不同的事情当中扮演的角色不同。例如：一个领导交代他的秘书起草一份文件，然后会同相关部门领导讨论修改，最后提交审批执行。在这个例子当中，领导是决策者和规划者，秘书是主办者，而相关部门领导是协助者。在另外的事情当中，每个人的角色可能又会反转，不会固定不变。这个方法所体现的责任详见如下模型。

责任性质界定——DEAP角色定位模型

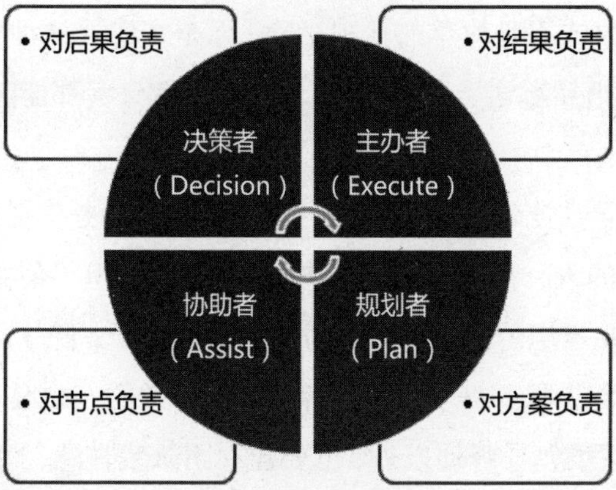

- 对后果负责
- 对结果负责

决策者（Decision）

主办者（Execute）

协助者（Assist）

规划者（Plan）

- 对节点负责
- 对方案负责

方法二，明确划分责任，给予相应奖惩。

在管理上，岗位职责往往是前置的，也就是你做事之前就应该有了职责描述，但是要让岗位职责有效力，就必须执行到位。尤其当出现差错时，必须在事后进行责任划分，形成威慑或惩戒作用，绝对不能马虎和“算了”。这有点像交警划分交通责任事故：谁承担主要责任，谁承担次要责任，各占比例是多少。要明白责任的从属关系，就像抓“闯红灯”行为，可以“擒贼擒王”，谁先带头闯红灯就抓谁，不怕人多，就怕没典型。

责任划分的背后，就是一个人要为自己犯的错误所要付出的代价和成本，代价和成本越高，就越能约束一个人的行为。

备注：直接责任指任何有行为能力的人均应直接承担自己的行为后果；间接责任指依法对与其有特定联系的他人之行为应当承担的责任。

方法三，利用承诺一致原理，做好责任承诺。

人对自己所公开承诺的事情往往会努力办到，当员工承诺办成一件事情之后，他的后续行为就会很自觉的按标准要求积极去办，这就是承诺一致原理。

如完成企业目标的落地，可以让员工做出完成目标的承诺，如果是书面的就显得更加正式一些，也能够引起员工重视，帮助大家建立起目标责任意识和自我管理的习惯。

还有就是一定要公开承诺，比如举行个人目标责任承诺会议，由承诺人在会议上大声喊出自己的目标，从上到下，从总经理到每个员工都做出表率……这种承诺仪式不是简单的精神激励，而是在建立一种集体行为模式——能够自我承诺、相互承诺、公开承诺，对所有参与者都能起到相互鞭策和监督作用。

方法四，建立“连带”或“互助”机制，扩大职务责任的外延。

每个岗位上的人，除了承担岗位职责，还要承担“公共职责”，就像每个公民一样，需要承担公民义务。作为企业的一分子，除了要承担岗位职责，也要承担一部分企业职责——因为二者利益是一致的，也是一体的。

在管理上，除了领导督促以外，也要建立团队荣誉感，团队某个成员犯错，与团队另外的人也息息有关。所以作为团队成员，一个人必须起到两个作用：第一，除了完成自己的工作，也要盯着队友的进度；第二，帮助队友完成任务，并尽可能少犯错。

这样就能建立责任联动监督机制，一旦团队发现问题，就会有人主动弥补——善于弥补的人，要及时给予提拔和重用。

总结来说，就是明确责任承担角色、划分责任类型、做好责任承诺、扩大职务责任范围，通过这四个方法综合运用，一定可以让员工主动承担责任，把企业的事当成自己的事。

第二节 目标人才画像与获取渠道

雷军在创办小米之初，用 80% 的时间来找人，前 100 位员工不论职位高低，雷军全部亲自面试过，正是这批人奠定了小米团队的基石。有一次为了招 1 名关键人才，雷军花了 12 个小时与其深入交谈，对方被雷军的诚意打动，最终加入了小米。

小米的招聘案例告诉我们，重视人才招聘不是停留在口头上，而是体现在行动上，尤其对于创始人来说，组建核心团队一定要亲力亲为。

描绘岗位人才需求画像

“招人难”是企业的普遍难题：一方面是企业缺乏竞争力，招不来人，另一方面是无效需求很多，根本不知道自己需要什么样的人，因此常常招错人。

招错人的原因有很多，但有一个共同点就是需要什么样的人没弄清楚。

对需要什么样的人很模糊，凭感觉，或者只是参照市面上那些招人的路数，先普遍撒网，然后一拨一拨的面试，浪费了很多时间，结果认为没有一个符合自己的需要。不是这不行就是那不行，但到底什么样的行，又说不好。怎么办呢？要么让HR继续招，抱有幻想：万一能找到符合理想的那个人呢？

某公司新年伊始，销售部经理开始打算新招几名销售人员，壮大销售队伍，于是就给HR用邮件发了一份招聘需求，内容如下：

急需销售工程师数名。

要求：大专或以上学历，计算机相关专业；

具备快速学习新知识的能力；

有强烈的销售意愿，能承受较大的工作压力；

具有较强的分析问题、解决问题及独立开展工作的能力；

良好的人际沟通能力、表达能力，有较强的策划和文档写作能力；

具有文档管理经验者优先考虑，有软件销售或技术支持经验优先考虑。

按照招聘人员的经验，如果仅凭“急需”马上就启动招聘，多半要经过多次折腾后，才会招到需要的人，反而耽误了招聘进度，所谓欲速则不达，就是这个道理。

下面让我们来看看销售部经理提的招聘需求存在哪些问题。

（1）没有写清楚招聘原因。是人员离职补缺还是新增人员？新增人员是整体工作量增加了？还是要做新业务？新增业务必须要清楚。

（2）岗位缺乏定位要求。做销售的工作内容似乎都是“已知的”，但不同的企业对其定位是有差异的。有的销售需要拓展型的，就是个人销售能力要强，能够独立开拓市场，不断开发新客户；而有的销售则是跟单、维护性的，这样的公司往往拥有了庞大的市场占有率，有很强的品牌知名度和推广能力；销售的主要职能是“宣传、维护与配合”，不需要做什么新的业务拓展。而上文邮件中的招聘对于这方面的要求很模糊。

（3）要求写的不少，但有用的不多。看上去招聘要求写的面面俱到，但实际上有这样的人吗？尤其是“有较强的策划和文档写作能力”“有文档管理经验者优先”这两条感觉很突兀，不知道与销售能力有何联系，是不是必要条件？

当招聘经理带着这几个问题与销售部经理沟通后，终于完善了销售的“工作职责描述”：

- 完成电话预约、上门演示、方案报价提交、销售跟进等工作；
- 掌握软件安装、软件功能；
- 与客户进行需求和业务沟通；
- 对客户进行软件演示和操作培训；
- 了解档案行业基本知识，掌握档案在不同行业的解决方案；

招聘经理通过沟通后了解到，招聘要求最后一条实际上不是文档管理经验，而是档案管理经验，一字之差，意思却大相径庭。

通过工作职责描述，招聘经理也大致明白了销售工程师平时具体做哪些工作。

一个优秀的招聘人员不是被动接受，而是能够在需求中发现问题、提出问题。实际上通过工作职责描述，我们就能够看到，销售工程师不仅仅是销售，还承担着“咨询顾问”和“培训师”的角色，销售——也就是把产品或服务卖出去，让客户花钱买单的交易过程，只不过是其中的一个环节，如果没有前期的咨询和培训辅导作铺垫，后面的销售也就无从谈起。

识别招聘需求最简单可行的办法除了理解书面意思外，就是与用人部门面对面的沟通，了解需求背后的真实情况，不为书面提出的招聘需求所囿。

人才搜寻和面试方法

岗位需求明确了，接下来就是找合适的人，那什么时候找？在哪里找？

人才市场上，有“金三银四、金九银十”的说法，即在这两个时间段内人才供需两旺。现在看来，这只是传统意义上所谓的淡旺季，更何况不同行业的淡旺季的时间大相径庭。随着企业业务变化速度越来越快，对人才的需求越来越迫切，无论何时，人才都是“刚需”，况且，你的招聘旺季也是别的企业招聘旺季。

所以说，时机不是问题。

从哪里找？这就是我们所说的获取渠道。常见的获取渠道有：线上网络招聘平台（如前程无忧、各地方主流招聘网站等）、垂直招聘网站（如拉钩网）、社交媒体（微博）、人才中介（猎头、劳务派遣机构等）、线下专场招聘会、校园招聘以及传统媒介（报纸、行业专刊等）等。

经常参与行业展会、论坛、交流等，这样不仅可以开阔视野，更重要的是，可以积累一定的人才资源，一旦产生人才需求，就能获得一些关键信息或关键人才，起到事半功倍的效果。

如果想精准地找到需要的人，只了解这些是远远不够的，还要了解各个招聘中介的定位，有的是综合性的、有的是行业性的、有的是区域性的、有的是专业性的，每一个机构的定位所服务的客户群体不同，业务模式更是千差万别。

在这么多渠道当中，关键是如何找到我们需要的？一句话，如何让信息匹配更精准。在这方面，某垂直招聘网站往往起到一个“行业规则破坏者”的角色，这家垂直招聘网站定位于互联网行业客户，所有招聘岗位都打出薪水范围，对求职者的应聘体验很直观，信息匹配度很高，招聘效率也非常高，可以说是对整个在线招聘行业的冲击。不过，从目前来看，垂直招聘网站很多还仅限于互联网行业和一线城市，如何在其他行业和区域拓展是个问题。

还有更新兴的招聘形式如微信、微博，形式新颖、互动性强，但往往取决于粉丝数量，且粉丝大都没有工作需求，信息匹配度低，且需要专门的人花时间和精力去维护，成本高、效率低，对于如何招聘急需人才，远水不解近渴，只能作为备选项。

另外，随着大数据和AI（人工智能）的广泛应用，整合全网招聘资源成为可能，包括建立云人才库、人才内推和人才地图等，将企业自有简历库、主投简历、猎头等各个渠道的人才资源一站式整合、实时更新，通过简历解析技术将去重后的简历统一收入企业人才库。而大数据和人工智能技术，则为简历的个性化搜索推荐提供支持。

简言之，就是通过机器学习建立企业用人模型，大数据解析判断候选人匹配度，降低了招聘渠道成本，提升了招聘效率。某智能招聘公司是这方面的代表，该公司整合了全网招聘渠道资源，有效解决了招聘痛点，给了招聘者以良好的使用体验。

渠道有很多，最重要的是找到适合企业的途径。对于小企业来说，必须砍掉那些短期很难出效果的招聘渠道，集中精力经营好目前的招聘渠道，不断深挖，做出了一个明确的定位：以 1 ~ 2 家知名招聘网站为主，其他招聘渠道为辅。

五种常见的有效“招”数

第一招，顺藤摸瓜——通过关键人找到更多人。

每个行业都有一些业内人士，而这些业内人士都有一些人际关系，有的甚至还充当着行业“意见领袖”的角色，经常会在各种论坛、微博、微信公众号发表一些有影响力的言论，平时不妨与其多进行互动，并尝试通过私信的方式建立连接，时间一久，就混了个脸熟，总会有一些机会给你推荐人才。或者通过朋友关系认识某行业专家，然后通过其转介绍的形式，认识某一领域的优秀人才。我就曾通过 @ 某位活跃在微博的大 V，委托帮忙代转发一条人才招聘需求的信息，收到了很多符合条件的人员。

第二招，擒贼擒王——通过猎“头”迅速创建团队。

俗话说，擒贼先擒王。这个猎“头”并不是我们常说的人才猎头，而是指一个团队的头头。对于小企业尤其对于初创型团队来说，需要的往往不是一个人，而是一帮人，但不管是多少人，首先要找到的是领头人，否则在大量人员招聘面前，招聘经理们会累死，而且团队融合往往会成问题。然而，利用“将”再找到下面的“兵”，就会相对容易很多。

第三招，借船出海——最大利用外部渠道价值。

对人才分类以后，利用外部渠道，比如猎头、行业媒体等。可以多找一些中介机构，这样就会多一种选择，同时，要对中介机构有效的管理，及时的跟进人才猎取进度和质量，必要时，可对中介机构进行更新、淘汰，找到更适合自己企业需要的合作伙伴。

第四招，内部推荐——让人人充当伯乐。

发动内部力量，即员工推荐和介绍，现在很多企业都设定了关键岗位推荐奖励，而且很多奖金很丰厚，一旦推荐的人才录用后即付推荐者一半的赏金，这样能起到良好的刺激作用。这种方式值得一试，但不能过分依赖，否则招聘人员就会失去作用。

第五招，朋友圈——挖掘人才情报。

发展拓展招聘人员的社交圈子，在这个圈子里你能发现很多人才，这些人才不仅会成为企业的潜在资源，更会成为招聘人员自身的人际关系所在，好处显而易见。

一家风险投资公司在每次开合伙人会议时，都会提供100美元奖金，奖励最佳小道消息，不管它们是否得到确认。而且这家公司鼓励员工外出社交，在商务午餐、晚餐的单据报销没有那么严格，但是有一个要求：在报销时必须提供获取了哪些有价值的社交信息，比如了解对方是做什么的，基本从业履历如何，是否我们需要的人才等。

建立储备人才库

建立储备人才库，可以从内、外部两个方面着手做起。

在内部盘活人才存量。比如有的企业倾向于培养子弟兵为主，招聘关键岗位往往是“先内后外”，即内部人才优先选拔，以做到才尽其用。华为有个内部劳务市场的说法，目的就是要实现内部流动，保持组织活力，这样既能起到“活血”作用，又能培养多面手，有利于保留和培养人才。招聘选拔内部人才，有两种常见方法。

第一种是档案法，先调阅符合基本条件人员的档案，查询过往一个阶段的表现和记录，看有没有受到奖励、表彰，有没有做过突出贡献，然后进行一对一谈话，谈话的目的有两个：一是确认和回顾这些事项，二是探询调岗换岗的意愿。最后对这些人员进行相互比较，心中有个基本判断，给人力资源高管提供具体建议，这样做，不仅有理有据，而且很有说服力。

第二种是竞聘法，这个相对更加公开，对组织过程要求更加严密，要事先发布内部招聘公告，并确定竞聘程序和评估方式，组织内部专家组进行考评，看上去更加科学合理，但一般成本较高，稍微操作不当，就会产生负面影响，比如职位人数有限，但报名人数较多，最后那些没有竞聘上的该何去何从？会带来一系列的后续问题，所以慎重为好。

建立外部储备人才库就更需要费心了。

在人才争夺越来越激烈的今天，如果还在使用某种单一的手段招聘储备人才，就很难起到很好效果。很多传统招聘方法就是跑马圈地，尤其是企业对人才需要急剧增长的时候。其特征就是扩大招聘范围，寻找“猎物”，这样的做法无可厚非，但是过于粗放，针对性不强，有点像游牧，讲求的是速效，但也很容易变成“一锤子买卖”，招到人后即结束。

如果自己没有意识到培养储备人选，一旦遇到大面积人员流失就会很被动，势必对业务造成很大影响，所以一定要采取“深耕”策略。

一家咨询公司，主要向高校里的一些 MBA 适当的推送一些知识技能、并分享实际案例，建立了很多关联，然后一毕业，直接进入公司实习。

还有一些专业新媒体，招人的来源往往产生于目标读者或作者，比如知乎的招聘，其中有重要的一条，就是熟悉社区运营，在社区有一定的影响力和号召力，甚至是大 V、网红。

所谓“深耕”，就是要深入到行业、用户和目标人才群体的内部，长期耕耘，建立与目标人才的联络和互动，挖掘深入合作的可能性。

最后，要全面建立外部人才资源库，即你要清楚自己手上掌握了多少行业专才，掌握了多少管理精英，整体水平和质量如何，每年会新增多少这方面的人才？都需要进行分类分级管理。

建立外部人才资源库是一个长期动态的过程，必须从合作渠道、网络、各种专业论坛、沙龙、内部推荐等各种方式搜集关键人才信息情报，然后归纳起来，形成一整套外部人才资源管理系统，并且经过不断累积和更新，做到与市场发展同步，使企业在需要人才时，能够第一时间从资源库里寻找，打造出一个强而有力的人才供应链。

万丈高楼平地起，招聘策略不仅要满足当前需求，更要未雨绸缪，为未来人才需求作储备，这就要求招聘人员静下心来，不断地积累经验，沉淀一些资源，转化为企业的无形资产。

人才搜寻和面试方法

这里我们依然以招聘销售工程师的为例。

需要什么样的人员工画像已经出来了，但在考察对方的能力时，还需要进一步提炼，以便有针对性的问问题。

于是，我们可以把能力要求初步提炼出了三项基本能力：优秀的拓展能力、良好的沟通说服能力、敏锐的需求把握能力。

然后再跟销售部经理确认，对方很快认可了提炼的结果，而且还说：

“以前销售十分缺人，只要有销售经验，基本上都能录用，对产品方面没有严格要求，后来发觉招来的人虽然有销售经验，但不熟悉产品，对客户的需求也把握不准，需要很长一段时间学习。公司是做档案管理系统软件的，里面有很有知识点，客户在使用时，往往会遇到很多操作上的问题，这时候销售工程师要能够及时给予客户指导和解答。所以销售人员需要较强的沟通表达能力和理解能力，当然，这是做好销售的基本功。

其实在我们销售业绩做得好的人员身上，有一个共同特点：挖掘目标客户的能力很强。简单来说，就是能够迅速找准客户，这样就节省了成本、提高了效率。”

通过与销售部经理的充分沟通，我们不仅确认了岗位招聘标准，而且还了解到很多关键信息，尤其对人员的具体要求。所以要弄清楚招聘需求，必须认真对待以下问题。

1. 公司有没有用人标准？用人标准是什么？

2. 岗位有什么能力素质要求？是怎么提炼的？

3. 哪些要求是硬性条件？哪些要求可以商量？

4. 哪些要求属于特别要求？需要注意什么？

用人部门要人一般都很急迫，越是这样，招聘人员越要稳住，一定要与需求部门时刻保持沟通，通过不断的协调、沟通和确认，对需求达成一致。

搜寻人才要有敏锐的“嗅觉”

是不是招聘岗位一发布，就等着求职人员给我们投简历了，然后筛选，通知初面等一系列既定动作？

这样做肯定不行，我们不能守株待兔，很多人投简历不管什么岗位要求，看都不看，直接就投了，结果我们看简历的时候，80% 的时间都在过滤那些明显不符合条件的人。除此以外，平时还应通过主动搜索的方式来找人，尤其像这种软件销售工程师的岗位，很多人都是在职人员，所以一般都设定关键词，然后进行搜索。

李开复说：“在移动互联时代，搜索能力是职业人的一项重要能力，怎样找到需要的信息和内容，十分关键，甚至决定成败。”对于招聘者来说，更是这样。

当然，通过人才网站搜寻也不能完全解决目标人选问题，其实人才网站的简历同质化严重。这个时候，我们就要用定向挖掘作为补充手段，先获取目标人才联络信息，最好是通讯录，然后通过电话、微博私信等方式，直接找到我们需要的人才。但找到并不代表万事大吉，关键时刻要抓住时机，要像看到猎物一样兴奋：你就是我的菜！如果发现急需人才，就要立即拿起电话，第一时间联系候选人。在这方面我有个成功案例，拿出来跟大家分享，当时情况是这样的。

我们一直在招一名葡萄酒高级品酒师，要求国际葡萄酒认证至少三级以上，五年以上相关工作经验，对葡萄酒和葡萄酒文化非常精通。因为这种人才在国内比较稀缺，便引进了一个法国人，但由于文化融合问题，此人不到一个月就走人，证明此路不通，只好在国内继续寻找。

某日早上，我正好搜索到一个人的简历，非常符合我们的要求，就毫不犹豫打去电话，结果电话中的那位女士告诉我她已经拿到录用通知书，即将赴异地上班，下午的航班已经定好，可能没有时间过来面谈。我就告诉她公司发展平台如何大，对你这样的人才何等重视，总裁亲自面试的机会千载难逢等介绍了一通，可能是我的诚意打动了她，她答应在去机场前来我们公司进行约谈。

最后的结果是：她放弃了去上海发展的打算，加入了我们公司。

可见，对稀缺人才的发现和获取速度是招到合适人选的关键所在，更重要的是，你要拿出诚意。

只有当你从内心里拿出诚意时，你说话的温度才会改变，才会感染到对方，让对方对你、对你所在的公司产生好感，从而影响到对方做出的选择和判断，这样何愁招不到我们需要的人才？

所以，招聘考量的是一个人的灵活、忍耐、细致、沟通、思维、统筹、规划方面的综合能力，一定要有一颗持续的上进心。

简历筛选：招聘人员的“五看”

对于招聘者来说，每天收到很多简历，怎么处理？

既要做到效率至上，还要不能有遗漏，这就需要我们练就扫描仪一样的眼光。

招聘人员一般要做到“五看”：

一看背景经历。简历中有没有发现有同类岗位的背景经历，这是基于经验方面的考虑，企业用人有一种天然的趋同心理，多数企业总是偏向于用与自己相类似企业的人才，包括行业、企业性质（外企、民企、国企等），甚至是直接竞争对手最好，很少能够例外，因为这样既有利于行业经验积累，更有利于了快速融合，尤其是一些技术类岗位，更是如此，鲜见行业跨界成功的先例。

二看职位经历。简历中有没有做过这个岗位，这个是最为关键的因素，对职位有经验要求往往都作为必要条件，即使其他方面再优秀也只能作为后备人选，只能看是否有其他空缺岗位。

三看有没有“业绩、绩效”等关键词。几乎有 90% 的人在简历上都是在罗列岗位职责，即“我做了什么什么……”，但极少有人描述我做了这些工作达成了什么效果、取得了什么绩效，受到了何种评价和表彰等，如果有了绩效、贡献、效果等关键词，我想一定可以让人眼前一亮。

四看有没有照片。有人可能觉得奇怪，难道筛选简历也要以貌取人？实际上，一份完整的简历是需要有照片的，这样能够吸引招聘人员。长得美不美是一回事，关键在于你的照片是否职业，我就看过类似不职业的照片，网吧视频照、搞怪大头贴。这样给招聘者的感知不好，毕竟简历是一块敲门砖，要正式一些，不能太随意。

五看基本信息是否完整真实。毕业学校、学历、专业、年龄也要作为参考，有些岗位是有明确要求的，所以要特别注意。

除此之外，我们还要了解哪些简历第一眼就是要排除掉，不要浪费时间。

第一种，特别简单的。寥寥数语，只是说做了什么职位，但没有说明到底干了什么，让人摸不着头脑，这种简历要过滤掉。

第二种，频繁换工作的。一年换三个岗位以上的，无论有什么理由，是不能要的。

第三种，与基本条件相差太大的。明明在人才招聘系统上设定了基本筛选条件，但是有时担心会遗漏掉优秀人才（不能智能识别，只有靠人工），所以就将筛选条件放宽，这样一来，什么人都投，结果就出现了投递简历者的年龄、学历等与要求相差太多的情况，也不用考虑。

第四种，内容重复和错字连篇的。这个多半是由于态度不认真引起，我经常看到，放眼望去，不过写的都是重复的工作单位和内容，还有很多错别字，对待自己都是这样潦草的态度，怎么能要？

除了以上条件设置搜索外，一些专业机构面对海量的简历时，应用一些智能关键词抓取工具，获得更高效准确的简历信息，也不失为一种方法，但是要找到合适人才，人工筛选还是少不了的。

面试题目设计要匹配岗位需要

企业人力资源管理最大的悲哀莫过于花了很多时间、面试了很多人，最后终于招到了，但上班不到一周，却忽然发现原来此人根本不是我们需要的人。

这在很多企业是很普遍的状况。招错人的损失不只是钱的问题，更是整个选拔用人系统的问题，选人不对，会给公司的可持续发展埋下巨大隐患。

“当时我们急需一名销售经理，刚好面试了一个各方面条件都不错的人，作为HR，我与用人部门先后面试了这个人，他给人的感觉就是特别能说会道，我们问的问题他都能应对自如，于是便很快录用。但上班后才发现，他除了面试那一套很熟悉以外，实际工作根本就没有干过，过了好长一段时间，既没有找到客户，又没有出业绩，让我们觉得当初招错了人。”

这是一个HR朋友说的一件真事，相信遭遇这种情况的HR也不在少数，面试时说的头头是道，干事时却只会大呼小叫，什么也干不了。所以，针对那种面试中表现的说话套路娴熟、问题还没有问完就知道答案的人，一定要多留个心眼。这类人具有相当强的反侦查能力，回答问题常常对答如流，由于他们在面试环节“久经沙场”，俗称“面霸”。

工欲善其事，必先利其器。一个面试官也得有个好工具，好工具是实践出来的，咱们还是以案说法。

有一次我问一个招聘经理，平时你在面试时都问些什么问题，招聘经理说：“我们一般都问些基本问题，比如‘为何离职，个人有些什么职业规划，如何与他人相处’等，主要是看其是否符合公司的企业文化。”

我问他：“这样问问题，能找到需要的合适人才吗？”

招聘经理不敢肯定。

实际上，这些问题不是不可以问，但是还远远不够，针对岗位的胜任力素质，关键还要靠一些核心问题进行深入挖掘。于是，我让招聘经理找来一个软件销售工程师的岗位能力素质，拿来一看，这个岗位一共有四项能力素质要求：优秀的拓展能力、准确的资源获取能力、良好的引导说服能力、敏锐的判断能力。就拿其中的“准确的资源获取能力”和“敏锐的判断能力”来做样板，看看该设计哪些面试问题。

先来设计 “准确的资源获取能力”所对应的面试问题，首先需要说明的是“准确的资源获取能力”就是能够有效地获取客户资源的意思，那么如何获取客户资源呢？沿着这个思路，考察应聘者（主要是社招人员）这方面的能力，至少需要明确如下问题：

1. 您（指应聘人员，下同）过去的销售主要面向哪类客户群体？

2. 您是通过什么方式来找到这类客户的？

3. 这类客户当中有没有最难找的？难在哪？

4. 您当时是怎么找到的？

5. 您有没有经过很多努力却无法找到客户的经历？

6. 当时遇到了哪些情况？

7. 针对那些情况，您是如何一一克服的？

除此之外，我们再来看看如何考察“敏锐的判断能力。”这里所说的敏锐的判断能力，是基于对客户需求和购买决策的一种准确把握。考察这项能力是不是可以设计出以下问题：

1. 您一般通过什么方式来了解客户需求？

2. 您是如何判断客户需求的？

3. 您有没有遇到过客户需求最难把握的情况？

4. 当时都发生了些什么？

5. 您是如何处理那种状况的？

6. 您通过哪些迹象来判断客户准备购买？

7. 有没有出现过最难把握和判断的棘手情况？

8. 当时您是如何处理那种情况的？

9. 您有没有对客户购买决策把握最成功的案例？

10. 请告诉我当时您是怎么做到的？

11. 如果你现在做，还有没有改善空间？如何改善？

不知道你有没有发现，以上问题不仅是开放式的，而且问题之间富有逻辑性，层层递进，环环相扣，像连珠炮一样一个问题接着一个问题。这样问问题有几个好处：其一，让应聘者很难撒谎。如果撒了第一个谎，后面就要撒更多的谎。“一句谎言要用一千句谎言去圆”——这句名言非常有道理，而谁能保证一千个谎言怎么可能不会出现漏洞呢？其二，能够侦测出应聘者真实的能力素质状况。问题里多用“最”字，往往能考察出一个人这方面能力的边界。然后，再运用对比技巧，从“最成功”忽然问到“最失败”，一正一反的询问，打一个措手不及，往往能够收到出其不意的效果。

以上这些技巧就是行为面试法的核心所在。所谓“行为面试法”，就是根据过去一段时间的表现来预测未来。用这种面试方法成功率会提高50%，注意，这里所说的“过去一段时间”一般最好是半年以内，最好是近期发生，时间太久容易遗忘，这样就能看出一些最真实的状况，了解到的情况就比较可靠。

我所说的这一套行为面试“真题”，都是通过很多经验总结和充分验证过的，曾经让很多所谓的高手和“面霸”最后现出原形，面试官们不妨一试，相信一定会收获多多。

这一整套系统演绎后，频频点头，还把我设计的这些问题要去，准备进一步“深挖”，看来我的良苦用心没有白费。

在这里，还介绍一种常用的结构化问题设计方法，它遵循了STAR原则，在很多外企比较流行，还是拿软件销售工程师为例吧，我们的问题可以这样设计：

1. 您上家公司所处的是一个什么样的细分行业？您如何看待？
2. 您所在的公司经营状况如何？有什么特点？
3. 您所担任的职务具体负责哪些内容？
4. 您所负责的这些工作有哪些需要完成的重要目标（任务）？
5. 您做这些工作都展开了哪些具体行动？
6. 这些工作最后的结果怎么样？
7. 您的这些工作领导和同事是如何评价的？

通过以上问题，我们对STAR原则就会领悟的更直观一些。

S（situation）即“背景”，T（task）即“工作任务”，A（action）即“行动”，R（result）即“结果”。经过这一连串的深入发问，能够挖掘出我们想要的东西，我想，没有一点真才实学、没有亲自干过的人是很难完整回答出来的，而且在实际工作中也非常有效。

以上采取的方法其实就是所谓的行为面试法，即通过一个人过去的行为预测他将来的行为，以便考察出应聘者各方面素质特征，并通过引导性问题和挖掘性问题，寻找出应聘者在某一胜任力素质方面所发生的客观事实。

行为面试法比传统面试方法在衡量应聘者的能力素质方面更准确，其面试准确率高达 80%，远远高出其他面试方法。

第三节 构建团队，优化团队配置

团队来源多样化，警惕同类人

我给一家公司做咨询顾问，老板对团队很忧心，他跟我说："我最怕我们的团队都变成俄罗斯套娃。"因为无论他说什么话，下面的人都会不假思索的照办，提不出什么意见。

按道理，这应该是很有执行力的体现才对啊，但这位老板想的不一样。作为创业型公司，他希望团队灵活执行，创造性解决问题，而不是无脑执行。

老板确实点出了许多公司的通病。一家公司往往是由同类人组成的。这个同类人，我们可以理解为价值观类似、工作模式和思维习惯类似。

"同类人"的公司，好处在于团队容易沟通、配合默契，问题在于会有路径依赖和思维局限，容易导致创新不足。

俄罗斯套娃（俄语：матрёшка）是俄罗斯特产的木制玩具，一般由多个一样图案的空心木娃娃一个套一个组成，最多可达十多个，通常为圆柱形，底部平坦可以直立。颜色有红色、蓝色、绿色、紫色等。最普通的图案是一个穿着俄罗斯民族服装的姑娘，叫作“玛特罗什卡”，这也成为这种娃娃的通称。

选拔人才要摒弃“先入为主”

在选拔人才过程中总难免有人为的因素。因为人具有选择性，而选择性强就很容易导致头脑发热，结果招进来人以后，不知道该放在哪个位置，从而造成人才浪费。

这种选择性大都是在不自觉中发生的。正因为我们具有选择性，所以往往把自己所偏好的人等同于需要的人，难怪有人说：“一个企业的员工行为，侧面反映了这个企业的老板性格。”窥一斑而见全豹。

有的管理者对自己的眼光充满自信，在头脑里构想优秀人才应该长着怎样的鼻子、眼睛和嘴巴，能够说出什么样的话，表现出什么样的行动，做出什么样的贡献，美其名曰“人才画像”。实际上，那不过是我们对理想人选的一种构想。

不幸的是，我们把构想当作了现实。在现实中按照理想模式寻找这样的人，结果发现极难实现，即便最终找到了，也会发觉对方并非那么完美，甚至与自己工作不合拍。

一个企业需要多元化的人才结构，作为领导者，在用人的倾向性上不能太强，要清楚地认识到一个人的表现往往与他所处的情境是有非常密切的关系，否则可能会与许多优秀的人才失之交臂。

打破同类人困局，从团队来源多样化入手。

对于一家企业来说，要想打破这种“同类人”的困局，就必须在团队配置上下功夫。

首先，团队人员配置多样化。

“同类人”在不同的语境下，其意义大相径庭。

在招人的时候说要招同类人，这里的“同类人”，指有共同价值观，志同道合的人。

团队配置要避免“同类人”，指团队成员的文化背景、性格、能力不能一样，否则很难形成能力互补、各自发挥所长。

这里的多样化，指团队成员应该包含不同性别、民族、种族、年龄、知识结构和教育背景的人才。

对于一个团队来说，人员配置一定要多样化。

有些人特别适合做基础工作，有些人脾气特别好，有些人逻辑性很强。团队成员一定要由不同性格特点、不同能力特长的伙伴组合，这样做事才更高效。

其次，需要警惕同类流行观念。

同类流行观念，大都是“认知固化”的结果，或者说叫“职业病”——遇到新的难题，往往有惯性思维，不能跳开问题看问题，让问题无法得到有效解决。

同类人的流行观念是创新的第一杀手。在崇尚跨界思维和降维打击的人工智能时代，同类人的团队存在明显的缺陷。

《从0到1》的作者彼得·蒂尔说：“最反主流的行动不是抵制潮流，而是在潮流中不丢弃自己的独立思考。”可见，独立思考，是抵制同类流行观念的有效良药。

回过头来，为什么老板担心的事情总是难以避免的发生？从心理学上可以做出相应的解释。

根据ABC理论，人们常常以自己的意愿为出发点，认为某事必定发生或不发生。

它常常表现为将“希望”“想要”等绝对化为“必须”“应该”或“一定要”等。但希望不等同于事实，愿望不等同于结果。

对于个人来说，他不可能在每一件事情上都取得成功，这个世界不会以他的个人意愿来改变。

因此，当某些事物的发展超出了他的预期，或者与他对事物的绝对化要求相悖时，他就会感到难以接受和适应，从而极易陷入情绪困扰之中。

我想，这大概是老板担心的事总是难以避免发生的真正原因，也是问题背后的逻辑悖论。

强化角色认知，打造职业化团队

因岗设人还是因人设岗？

某咨询师为一家餐饮企业提供人力资源咨询服务。经过一番调研之后，便向这家企业提供了诊断结论：因人设岗情况严重。例如：人力资源经理同时还行使行政经理和办公室主任的职责。

这个案例说的是一人兼多岗现象，那么这种现象是否合理？来看看企业管理者们怎么说：

“我们是一家小企业，如果什么都按照大企业的架构和专业职位设置，不仅工作不饱和，而且用人成本高，本来利润就低，这样做我们还怎么去跟别人竞争呢？”

对于中小企业来说，一人兼多岗现象其实比较常见。许多企业管理者既是董事长又是总经理，实际上还兼着人事总监、财务总监和市场总监等职能，那我们是否应该说这也是一人兼多岗呢？

有些人不假思索地批评因人设岗现象，可是如果各岗位都配置齐全，可能会导致组织机构臃肿、效能低下，又该如何破解？

因岗设人的逻辑是：先有战略再有组织，有了组织再有岗位，有了岗位需要配备人员，这套理论似乎顺理成章、毫无破绽。

实际上这很难解决人岗匹配问题。因岗设人有一个前提：其岗位职责相对稳定不变。这就意味着我们要尽量把岗位工作内容标准化、流程化，这样就能提高效率。但是也正因为这样，时间一长就会形成既定模式，对于个人来说会失去创新动力，沉醉于自己的一亩三分地里，根本看不到外界变化。这就是为什么一些管理者总是认为员工跟不上他的工作节奏的原因。

那么既然如此，在一般情形下，为什么还要坚持因岗设人呢？

在招聘层面，我们要以岗位的要求去招人，而不能以某一个相当有才能的人当作标准去招人；还有一个重要的原因，就是如果以人来定岗就必然会破坏整个组织的秩序和协同性。比如对一个人的安排而连累了一大群人——即为一个人而进行工作调整，从而使得一大群人的工作都要调整，这就造成了内耗。

因岗设人的工作内容一定是相对固定的、有先例的，能够标准化的。换句话说，因岗设人的前提是工作内容是"规定好的"。对于一般性的工作岗位来说，的确应当"因岗设人"，否则很多经验和技能都没法传承，完全取决于个人了。

因此，对于需要发挥个人创造力的职位，工作充满了挑战、想象和不确定性，也就是我们常说的"没有什么先例可以借鉴，行动的自由度非常高"，这时候，这个岗位就不能纯粹因岗设人，还要充分结合个人的特长，充分发挥人的主观能动性。

对于具备某些特殊才干的人，比如有某项重大发明专利或者能够带来全新的商业模式，我们应当设置这样的"绿色通道"，给他设置一个职位，就不能纯粹以岗定人来衡量对错了。

职业化趋势——扮演团队角色，而不是固定岗位

一个团队往往是在企业成长过程中逐渐形成的，团队在形成的过程中有很多独特的经验，有的还演变成了一种可以复制的模式，比如华为的销售铁三角。

华为服务客户有 3 种角色：客户经理、解决方案经理、交付经理。客户经理需要做好客户服务，做好客户需求管理，包括许多个性化的需求，客户经理是项目的第一责任人；解决方案经理是根据客户需求分析和论证如何来满足，提供一整套解决方案，连接着需求端和交付端，起到中间链接作用；交付经理负责的是供给，能不能实现交付就看交付经理的评估，他要推动后端的标准化。三者工作分工不同，但目标一致。从客户经理的单兵作战转变

为小团队作战，结果自然大不相同。

当然，一个“铁三角”不是有了三个人就可以了，背后还需要合理的分工、标准化的培训以及有效的激励体系，还有我们看不见的背后的支撑系统，比如供应链等。

其实对于中国企业来说，在互联网时代，建立创新型组织和一支生机勃勃的团队，最重要的是去行政化，走上职业化，这才更符合商业文明和市场经济。

我们常说团队成员要具备团队精神，团队精神不是靠洗脑，也不是靠行政职权，其背后有一整套的职业化生态体系在支撑，这一方面，NBA（美国职业篮球联赛）给了我们很多启示。

首先NBA有一个非常职业化的协会，下面是职业的管理者，职业的球员，职业的教练，职业的裁判，职业的球迷，职业的安保，职业的训练与后勤保障，职业的后备人才梯队……可以说，NBA是一个非常庞大的职业化运作体系。

就一支球队来说，球员和主教练是人们关注的焦点：

球员。球员要具备很好的身体素质和篮球基本功，还要有很强的战术执行能力。我们都知道，一支球队的形成有一个相互磨合的过程，它需要围绕基石级球员来建队，这种球员是“非卖品”。什么样的人能够成为基石？就要看他是否具有终结比赛的能力，比如说他有无限开火权，在关键投篮上往往执行“最后一投”，同时，基石球员要在团队中有示范带头作用。与这种基石级的明星球员相对应的是其他主力球员或者角色球员，这类球员的生存之道就是能够很好地诠释自己的角色定位，哪怕做一个蓝领，也要专注干别人不愿意干的脏活和累活，比如防守，能把一点（盖帽、投篮）做到极致，就会有一席之地，那种什么角色都能干的万金油其实并不吃香。

主教练。主教练要对篮球各项业务都要十分熟练，他是比赛的战术专家，同时会识人用人，能够了解每个球员的长处和状态，当然，他更需要具备临场应变指挥能力。

NBA给我们的启示是，作为一个成功的企业，在任何一个环节，都必须做到职业化，这种职业化，就是对自身业务的熟练，比如作为研发经理，对自己所负责的技术领域熟悉，不能表现的像个外行，尤其是在一群知识工作者面前，你没有一点真本事，就很难服众。哪怕你有“一招鲜”，也会有一定的生存空间，怕的就是你只是行政上的职衔，那就会非常危险，因为你很难镇得住下面的员工，技术人员只服懂技术的人。作为管理者，要么你在全局上能够把控，要么你在某一点上能让下属信服。

第五章 工作设计：构建动力系统

员工怎样才有动力工作？靠什么驱动？

一种观点认为是靠奖励。要么升职，要么加薪，重赏之下必有勇夫！虽然金钱不是万能的，但是没有金钱是万万不能的。

另外一种观点认为要靠信念。为了达成某项目标，不断地自我暗示、自我激励。

这些观点都有一定道理，但是问题也来了：靠金钱刺激实现目标确实简单粗暴，但手上没有足够的金钱怎么办？而且用金钱驱动容易让人上瘾，一旦停止可能会让飞猪摔在地上，而“信念说”又容易沦为忽悠和画大饼，怎么办？

第一节 规划员工职业发展通道

职等职级是如何确定的

对于经营者来说，给某一职位定工资是一件很稀松平常的事，但如果仅凭拍脑袋的方法来定工资，就有可能会给员工带来不公平感，即使经过验证是公平的，员工也会认为你定的职位工资缺乏依据，是一个人说了算的，甚至夹杂了很多私人感情。实际上，职位评估（又称职位价值评估）就是为了解决这一问题应运而生的。

某企业在召开职位评估会议时，发生了一场小争论：

行政经理说："刚才听你们说会计重要、人事专员重要，那我们的保安就不重要吗？如果没有保安，财物被人偷，安全没有人负责，谁还有心思上班？"

销售经理接过话茬："我看这个什么职位评估的确有问题，你看一个会计就评了230分，销售代表才评上200分，很不合理。难道会计比销售代表更能创造价值？如果按这个发工资，那我们做业务的干脆就不用混了！”

主持会议的人事经理连忙圆场：“我们这是在做职位评估，是针对岗位，不是针对哪个人，大家都不要太在意……”

有时候，一知半解比完全不知更可怕，进行职位评估前，如果没有进行必要的培训，没有事先阐明基本原则，就会产生严重误导。这种误导往往因为参与方会不自觉地与职位进行“对号入座”，认为职位评估得多少分就是给本人多少工资，从而对自身利益构成直接的威胁，怎么可能不发出质疑呢？

实际上，哪个职位重要，只是一个相对的概念，没有比较，也就没有职位评估。如果孤立地看待职位设置，每个职位确实都很重要，但如果没有进行相互比较，也就失去了职位评估的意义。因此，职位评估的意义对于一个企业来说，需要在同一套标准体系下，对不同职位进行评估，衡量出不同的职位价值。

因此，职位评估不能拿某个岗位的专业与另一个岗位的专业直接进行对比，而要拿相同的维度和共性来进行比较，体现相对价值，而非绝对价值。也就是说，职位价值评估有一个前提假设，即从各个职位对企业的贡献大小来看，而不是在职位本身的一块小天地上进行比较。

另外，职位评估，顾名思义就是对职位的评估，并不是对人的评估。而职位与人并非一一对应的线性关系，能否称职、胜任、符合岗位要求，则需要对具体的人进行测评。因此，千万不能因为职位价值评估而神经过敏。

评估内容与如何评估

职位评估无论如何设置，其目的都是需要事先明确的，我们一定要清楚做职位评估到底有什么用途。

一般而言，职位评估有两大用途：第一个用途就是站在战略的角度，衡量每个职位存在的价值意义，以便能做出准确的职位定位和人事安排；第二个用途就是作为确定岗位工资的重要标准和依据。

关于职位评估的方法和维度有很多，许多咨询公司和人力资源专家开发出了很多评估模式。但无论这些评估模式是根据什么样的方法论，以什么样的维度和计算方法，都脱离不了对职位所需要的基本特征和共性的评估，即职位的价值贡献（对企业的产出贡献的重要性），职位的难度（职位所需要的知识、技能以及所需要解决问题的能力）以及职位的责任（职位所需要担负的责任风险）。

这几个职位评估的共性因素，也是比较通用和具有代表性的评估因素，有的还会针对不同的企业和职位对评估因素的权重进行相应的调整，以体现其不同的侧重领域，用以拉开区分度，而这种区分度不能只站在企业内部的立场上进行硬性的切割，而是要站在企业外部人才供需立场上进行适当的调整。

很多企业对职位价值的评估得分过分在意，就想方设法要与薪酬等级一一对应起来，结果发现评估得分和现状吻合度十分低，于是就得出两种截然相反的结论：一种是怀疑职位评估所存在的价值与意义，一种是认为给付的工资现状极不合理。

如果没有充分的心理测量学实验和测量标本，评估的区分度大小都很难以直接的数据来进行衡量，更不能直接与薪资建立一一对应关系。还有更重要的一点就是我们在做职位评估时，往往把关注点放在内部的职位比较上，却忽视了外部人才供需这一更大的因素。

实际上，确定薪资标准往往以市场稀缺性为重要参照标准。如某一职位在企业内部可能并不具备很高的价值，职位评估得分很低，但由于这一类人才在市场上很难获取到，那么这个职位如果按评估分数确定工资标准，显然会脱离市场供需关系，不但难以吸引到相应的人才，甚至还会让现有的人才流失。

首先，我们不能以孤立的眼光来看待这个问题，因此在做职位评估之前，必须结合到外部市场、企业战略以及关键业务领域，否则职位评估可能会偏离方向，一般而言，衡量一个职位的重要性，可以从以下几个方面考虑：

（1）职位在战略地位上的重要性。战略地位越高，其重要性也就越高。

（2）职位与外部客户接触的频率与机会。离外部客户越接近、交往越频繁的岗位越重要。

（3）职位所掌握的资源。职位所掌握的资源越多越重要，其职位所担负的风险和责任也就越大，其岗位也就越重要。

其次，对于职位评估的形式，是广泛参与还是小范围讨论更好？这就要视企业的不同情形具体对待。在这一方面，其实可以参照“民主集中制”的方法，即抽调出管理层代表和员工代表，组成评估委员会，进行试评和正式评估，最后由决策者定案；或者请独立的第三方进行评估，说服力将会更强。

这里要强调的是，企业做职位评估是为了解决问题，而非学术研讨，更不是相互间玩政治平衡，否则最后职位评估就成了谁也说不清的数字游戏。

职位序列设计

职系，又称职位序列。对于小型企业来说，职位序列划分的必要性不是很大，进行粗略的划分就可以了。但是当企业规模壮大以后，随着分工的进一步细化，职位序列的划分也就显得更加迫切和重要了。

职位序列，说到底，就是根据职位工作性质进行归类的。而这种性质很多是根据管理行政级别来确定的，因为这是出于企业行政管理需要，如果仅仅是这样进行职位序列划分，不仅会导致理念狭隘，而且会滋生官僚主义。

实际上，对职位进行归类不应当局限于“企业各部门”这个小概念里，而应当是跨部门的。其根本的逻辑就是根据两个重要的假设：一是职业发展路径；二是价值链理论。职业发展路径即是从专业线的角度来考虑，除了管理线以外，还应当鼓励员工在专业线上发展，因为管理型的职位总是有限的，而专业线上的职称提升却很广阔。而价值链理论即是从输入和输出端来考虑职位间的流程来进行设计，这样就能促使各个岗位更加关注整个价值流程，而不是只看到自己部门的“一亩三分地”，防止各自为政情形产生。

因此，职系设计不仅是从专业的角度照顾到了员工的诉求，帮助员工找到更准确的职业发展定位，更是体现了一种经营理念，从价值流程上进行相应的职位归类，体现以顾客需求为导向的设计理念，使职位评估结果能更好地落地。

测评定级要构建标准

测评的主要目的是考察人员能否胜任岗位要求，以达到有效定员、人岗匹配的目的。

而定级目的有两个：一是为员工在职业发展通道上增加了除管理晋升之外的专业发展通道；二是在薪酬模式上有更多的调整机会。实际上，这好比军衔和职位的关系，军衔高的，职位未必高，但享受比自己职位高一级者的相同待遇。再比如，明星球员的年薪往往会比教练高，但必须听从教练的训练安排，属于“管理上”的隶属关系。

进行人才测评之前，先要设定标准，这个标准可以从以下三个维度来设定。

第一个维度是态度，即一个人的价值观是否符合企业的核心价值观，其价值观吻合度越高，则适宜性就越高。

第二个维度是能力，能力分为基本通用能力和专业能力。基本通用能力是针对所有人员的，如沟通协调能力、解决问题能力等；专业能力是对某一岗位的专业要求，例如软件开发技能、会计技能，着重于对专业知识的掌握和应用。

第三个维度是性格特征。俗话说，“江山易改，本性难移”，说的其实不是道德好坏的问题，而是一个人的性情难以改变，没有好坏之说。一个人的性格特质既含有很多先天的成分，也与成长的环境和经历有关，需要仔细分析。性格特质与职位需要有一定的契合度，如销售型职位更需要性格外向的人，财务型职位更需要细心谨慎的人。

当然，这三个维度的测评不是绝对的，更多的则是要围绕企业的实际情形进行量身定做，一般按照如下步骤进行：

第一步，构建模型。通过对企业文化特点、发展战略规划、职位特性等进行分析，建立各职位的素质模型，找出影响职位绩效的关键因素，从而为准确进行能力评价奠定理论基础，为能力评价指明方向。

第二步，选定测评工具。为了更科学、更准确地进行能力评价，不仅要采用传统的简历筛选、心理测验、面试等方法对候选人进行选择，而且要通过对素质模型的深入研究来决定采用哪些评价方法，构建量身定做的评价中心，进一步提高测评的信度和效度。评价中心的评估由心理测验、文件框练习、小组讨论、角色扮演、主题演讲、沙盘演练等技术工具构成。

对人才测评时，需要特别注意信度和效度这两个概念。信度就是测评的可靠性如何，一般是通过两次测评并进行比对后，看相互的重合度高低才能确定测评信度的高低。效度就是测评的工具与测评所要达到的目的是否一致，如果测评手段和目标是风马牛不相及的事物，那么就没有任何效度可言。

第三步，现场测评。选定测评工具后，组织富有测评经验的第三方专家小组严密地进行现场测评安排，为顺利地执行测评提供强有力的保证。

第四步，测评数据处理。对测评数据采用专用的统计软件进行处理，与庞大数据库进行比较分析，通过专家研讨等方式对测评结果进行分析，从而得出准确的结论。

第五步，测评结果应用。使企业经营者能够准确地了解到目前员工的素质状况，提供详细个人测评报告，对个人的优点、不足和发展需注意的问题进行详细描述，为企业人事决策提供可靠保障，应用于最终的定级和定薪。

不过需要注意的是，运用工具而不能迷信工具，应用这些测评工具时，一定要深入了解其背景和适用范围。

职级确定

在确保整体公平的评估体系下，与被评估者进行充分的沟通，并收集必要的数据和事实，给予客观的衡量标准。更重要的是，评估结果出来后，具体套入到薪资调整，要给予一定的缓冲时间，不能进行硬性的调整，要通过反复观察后给予确定，这样，人员定级就能够做到逐步规范化。

不过，对人员进行批量职位等级评估时，职位等级人员一般会呈现出金字塔式的结构，问题的关键是职位等级之间的人员能否流动，如果不能流动，那么职级评估可能就会限制下面的人往上努力的想法，因此，职级评估要建立三个原则：

第一个原则是客户导向。即职级评估应该倾向于那些关注客户，满足客户需求的人员。

第二个原则是职级要足够多、足够有激励性。在机会面前人人平等，并且经过努力，都有希望成为某一职位领域里的专家。

第三是设定时间界限。进行职级评估必须以一个时间段为设定周期，当满了一定周期，应以实际的绩效高低反过来调整职位级别，这就能有效地避免只讲技能，却不讲绩效的倾向，使企业走向以结果和绩效为导向的组织。

示例：人力资源岗职业发展通道规划表

<table>
<tr><td colspan="3">所属部门</td><td>人力资源部</td><td>岗位</td><td colspan="2">人力资源岗</td><td>编号</td><td>×××</td></tr>
<tr><td>岗位职责</td><td colspan="8">组织制定部门职能职责及定岗、定员、定编
负责任职资格体系建设
负责公司绩效管理体系建设与完善，包括月度、半年度及年度考核工作组织与推行
负责薪酬福利体系规划、设计与完善，包括薪资、奖金报表编制、人员定薪、调薪与发放等
组织设计和完善人才成长体系，负责培训组织及实施
负责高级人才职称申报
负责考勤、假期、加班、社保、公积金等日常管理维护
负责建立和完善各类别岗位人才招聘选拔标准，做好外部人才储备及雇主品牌宣传及建设
组织建立公司面试官培训、选拔及认证工作
制订招聘计划，组织进行简历筛选、通知面试、初试及复试的考察及评价工作，形成录用（或不予录用）意见
负责建立人才网站、猎头、校招等各类型人才中介和渠道资源
负责劳资关系管理与服务
负责员工信息及档案维护
负责培训活动的组织与实施
完成上级交办的其他工作</td></tr>
<tr><td colspan="3">职级</td><td>专员</td><td colspan="2">主管／高级主管</td><td colspan="2">经理／高级经理</td><td>总监</td></tr>
<tr><td rowspan="6">任职资格条件</td><td rowspan="6">硬性条件</td><td>年龄</td><td>22～25岁</td><td>25～27岁</td><td>25～27岁</td><td>26～28岁</td><td>28～30岁</td><td>不小于30岁</td></tr>
<tr><td>性别</td><td>男女不限</td><td>男女不限</td><td>男女不限</td><td>男女不限</td><td>男女不限</td><td>男女不限</td></tr>
<tr><td>经验资历</td><td>应届毕业或工作1年以内</td><td>工作1～3年</td><td>4年及以上工作经验</td><td>5年及以上工作经验</td><td>6年及以上工作经验</td><td>8年及以上工作经验</td></tr>
<tr><td>学历</td><td>大专及以上</td><td>本科及以上</td><td>本科及以上</td><td>本科及以上</td><td>本科及以上</td><td>本科及以上</td></tr>
<tr><td>专业</td><td colspan="6">经济管理、工商管理、人力资源管理等专业</td></tr>
<tr><td>专业基础</td><td colspan="6">对专业知识熟练掌握，具有相关操作经验；学习过人力资源管理、组织行为学、劳动经济学等</td></tr>
</table>

续上表

<table>
<tr><th colspan="3">职级</th><th>专员</th><th colspan="2">主管 / 高级主管</th><th colspan="2">经理 / 高级经理</th><th>总监</th></tr>
<tr><td rowspan="2">任职资格条件</td><td rowspan="2">知识技能条件</td><td>专业技术程度</td><td>能够快速学习本岗位知识技能，可做辅助性工作</td><td>独立完成1～2个人力资源管理模块的工作，可辅助人力资源其他管理模块工作，可解决一般性的人事问题</td><td>可独立承担2～4个人力资源管理模块工作，可辅助其他人力资源管理模块，可独立解决较为复杂的人事问题</td><td>可独立承担人力资源各管理模块工作，能协助制订整体人力资源管理政策，可解决较为复杂疑难的人事问题</td><td>全面负责人力资源各管理模块工作，制订人力资源管理政策，解决和处理人事复杂疑难问题，能培养1～2名人力资源管理专员</td><td>全面负责公司人力资源管理和规划工作，主导人力资源政策，解决公司层面的人事问题，组织引导各部门架构设置和变革，能培养1～2名人力资源主管</td></tr>
<tr><td>能力素质</td><td>较强的服务意识、快速学习能力、信息收集能力</td><td>严谨细致、一般性问题发现与解决能力、沟通协调能力</td><td>严谨细致，分析及解决问题能力、较强的沟通能力、组织协调能力</td><td>严谨细致、能解决疑难问题、良好的组织协调能力</td><td>一定的团队领导能力、疑难问题解决能力、较强的组织协调能力</td><td>较强的团队领导能力、战略执行能力、一定的决断能力</td></tr>
<tr><td colspan="3">可转岗位</td><td colspan="6">综合管理岗、秘书岗、顾问岗</td></tr>
<tr><td colspan="3">备注</td><td colspan="6">年龄、专业技术程度、能力素质等方面遇到成长天花板时可转岗</td></tr>
</table>

注：1. 基本条件及学历资历为硬性条件。
2. 知识技能主要通过理论考试 + 实操，或第三方权威证书，结合个人提供的技能展现的证据进行认定。
3. 所需素质为公司核心价值观以及岗位的特殊性要求，通过行为展现记录 + 个人提供证据的方式进行认定。

开诚布公与员工谈职业发展

员工职业生涯发展被很多人力资源书籍写了进去，但实际上一直没有得到应有的重视。因为在我们传统看法当中，倘使一个人辞职，那就意味着今后他将与“我们”绝缘了。哪怕这个人在组织的时候，做出过怎样的贡献，有过怎样的业绩，随着他的离开，那些荣光很快就会被大多数人遗忘。

这时候，“人走茶凉”也就成了一种常态，不管离开的人今后说了什么，即便他说的很有价值，在职的人也不会太当回事。我们的文化讲的是“不在其位不谋其政”，所以不在其位者即便说了什么也等于“过期”和“失效”，是没有分量的，也是没有用的。

所以，在对待在职员工的职业规划上，我们总是把着力点放在组织内部，包括进行“人岗匹配、职级规划、职位晋升”这些动作，我们以为给员工准备了一个看似美好的“黄金通道”，但在员工心里，我们做的这些可能不过是一厢情愿而已，与员工的实际需求不符。我们所规划的那些职级、头衔和所谓的晋升通道，可能与员工的深层需求相脱节，他要离开的念头之所以那样迫切，也许仅仅是因为工作失去了挑战性，由于企业提供不了更具挑战性的工作机会，他遇到了无形的天花板，而不是职级、头衔和待遇这些明面上的东西，他需要的是换一个环境和平台，显然，你给不了。

当然，站在企业的角度，我们无法用对或错来评价这种行为，只是说发生的一切都是势所必然。在很多行业先行者里面，有人出去后投靠了对手，或者干脆另立旗帜，甚至与老东家反目成仇，这些事情并不鲜见。从感情上，这些行为确实让企业难以接受，但是我们转念一想：这不也是很正常的吗？

我们之所以难以接受，是因为思维还是停留在“我们培养了你”，即“企业成就人”的层面上。实际上，在知识经济和个体价值受到重视的今天，“人也能成就企业”，这方面的例子同样不少。应该说，在共享经济条件下，人和企业是相互成就的，没有说谁一定欠谁，谁一定要依附谁。

至今，企业还不能完完全全抛开成见，真正和员工谈他的职业发展问题，这种顾虑在于：我和员工谈了他的职业发展问题，是不是变相鼓励他辞职不干？其实完全没有必要，重要的是开诚布公的坦率态度，反而能够赢得员工的信赖。

第一，同员工谈他今后的发展问题。明确告诉员工，他在这里工作，能不能对他今后的职业发展有帮助，当然前提是了解员工职业发展方向的打算。这样结合起来，有意识地给员工安排相接近的工作，让员工感到受尊重，既让他得到锻炼又让他感到快乐，这样做，你是在成就他。

显然，在人才充分自由流动的今天，员工没有义务向企业承诺可以在这里干一辈子，同样，企业也没有责任确保员工能够终生就业。我们的人力资源工作者，可以发动每个经理人与其下属员工详细去谈，让员工感受到来自公司的关心和关注。

第二，帮助员工分析他的“下一站”。天下没有不散的筵席，这个我们不得不承认。当员工按照既定的轨道和时间准备离开时，我们要认真耐心地帮助他们，分析他要去的“下一站”——无论是自主创业还是继续到其他单位打工，他将要做的事情是不是他的擅长，适不适合他，我们都要给出自己的建议，哪怕是忠言逆耳。市场上有一种用人方式很恶劣的公司，就是许之以高薪，然后以员工跳槽前的两三倍工资将他挖过去，用他完成一定的任务或项目，当项目完成后就逼他走人。像这样的情况，我们要根据自己所掌握的信息，跟员工说清楚，防止员工跳入火坑。

第三，送去真诚的祝福。要走的人一旦要离开，作为他曾经的上级，最好的方式就是送去真诚的祝福，并且与员工保持长期联络，说不定哪天就能用得上。很多人的感受是，在一家企业工作的最大财富不是挣多少工资，而是培养了人际关系。所以，在一家企业工作，经营同事的关系比挣工资更有意义。

领英 CEO 霍夫曼在《联盟》一书中提出了一些有建设性的想法：在人才的岗位任期制、职业生涯发展和职业转换等方面，帮助经理人对员工建立真诚有效的职业生涯周期规划，开诚布公地与员工交谈。

LinkedIn 的任期制，是一种合作合伙关系，而非传统意义上的雇佣关系，在这种关系里，逐渐构建组织与员工的深度互信，开诚布公地与员工谈他的个人志向和优劣势，并且明确任期时间，一到时间点就转换，这种关系不仅打通了人才供应链，而且给雇主品牌带来了好口碑，为吸引更多的人才建立了正向循环系统。

LinkedIn 在招聘员工的时候，会问他两个问题：

（1）你打算到公司来干几年？

（2）当你离开这家公司的时候，你希望自己是个什么样的人？

这种开诚布公极其难得，但正因为做到了这一点，才化解掉了很多复杂的问题，比如组织与个人的不信任问题，员工职业发展规划难以落地的问题。

企业对员工的用心投入，管理层对员工职业发展的坦率沟通，迟早会得到相应的回报，哪怕在员工离开组织之后，他也会尽量地发挥“余热”，包括但不限于：帮助老东家推荐人才、推荐和宣传老东家的产品、参加老东家举行的聚会等。

真正在离开组织之后还跟你建言献策的人，才是真正关心你并希望你更好的人，所以要像珍宝一样对待。

第二节 丰富工作内容，挖掘员工潜能

让工作本身充满吸引力

如果你们公司的人员流动很大，除了薪资问题，你要认真审视一下：是不是工作本身出了问题？

我曾经在一家管理咨询公司短暂工作过一段时间，那段经历是我参加工作以来感觉最快乐的，主要是因为内部讨论、学习的氛围很浓。

这家咨询公司除了为咨询顾问提供很多学习资源（举行主题研讨、引进外部课程）以外，还建立一个内部分享平台。每天在全国各地出差的顾问会在邮件群组里分享当天的工作进展，除了常规项目进展以外，后面的小结往往藏着很多“干货”，很多顾问往往因为某个顾问提出了问题或者有价值的创意而激发出个人想法，然后发表个人意见，一来二往形成了深度互动，往往探讨至深夜，很有工作激情。

这家管理咨询公司“逼迫”咨询顾问快速成长，对管理顾问有一个要求，

就是“专业＋激情”，既要求管理顾问有专业、精确的研究领域和方法论（理性），又需要用心为客户服务，有相当大的影响力和感染力（感性），而很多顾问确实践行了这一点。

其实，从为客户提供管理咨询服务的内容来看，与其他管理咨询公司并无二致。但是在这家公司工作，使咨询顾问有一种截然不同的感受，让他们在为客户服务过程感受到了管理顾问存在的价值。

被称作“中国核潜艇之父”的黄旭华院士在央视《开讲啦》的演讲片段很震撼，讲台上的黄老已经92岁高龄，满头白发，却依旧精神矍铄，演讲铿锵有力。

主持人撒贝宁说：“做这个节目四年，今天这场开讲，也许是我听到过的最震撼人心、最让人心情无法平复的一场演讲。”

最让人感动的并不是老人带领团队在那么艰苦的条件下独立研制出核潜艇，而是老人提起自己的工作时，那份溢于言表的兴奋和满足，那种对工作投入的痴迷程度让人惊叹。

他的眼睛里闪着光，双手像个孩子似的挥舞着，让你感觉在他面前谈待遇、论功劳，特别矮小。

改善员工工作动机

有网友曾发牢骚：“公司开始考核员工日报了，有些人就会在日报里歌功颂德，一份日报几千字，天天无所事事，一大早就开始寻思写日报，干活的累死累活到半夜，日报写得少照样被优化。”

这正是这种形式管理的鲜明写照。

如果你为了完成任务去工作，你只是机械地执行，在严格的受控状态下工作，表现还算正常，可一旦失去外部控制，就很容易懈怠，甚至自我放纵。

如果你为了固定工资去工作，你只是做一天和尚撞一天钟，希望尽量减少工作时间，早早下班，因为你在工作的时候感觉度日如年。

如果你为了奖励去工作，你会刻意讨好上级，特别注重形式甚至不惜造假。

就像炒菜，同样的材料，同样的工具，但在不同厨师的手上，做出来的口味却千差万别。为什么会出现这种结果？这当然有标准的问题，比方说炒菜的时长、火候、次序、多少的问题。但更重要的是，厨师有没有将心注入其中？

在《功夫熊猫》里，鸭子爸爸对儿子说："所谓秘方就是没有秘方。他给客人做面条时想的是当饥肠辘辘的客人吃到热腾腾面条时的快乐和满足，于是他自己先快乐了，最后他把这份快乐也传递给了客人。"

一个平凡的工作岗位，为什么有的人能数年如一日地坚持不懈？他喜欢这份工作是一方面，找到工作的意义是另一方面。

就像一个保洁员，她起得很早，把办公室打扫得干干净净、整理得井井有条，让员工一上班就有一个干净舒适的环境，一天都工作得很舒爽，环境和氛围都很好，她就感到十分愉快。

就像一位母亲，费尽心思做出可口的饭菜，当她看到孩子吃得那么香甜的时候，她的心中就升腾出一股暖意。

这些都说明，人们做的许多工作看似平凡，但却能从中找到成就感，因为她们心中有爱在流淌。彼得·德鲁克先生一直强调："人对于自己要不要工作，握有绝对的自主权。专制的领导者常常忘了这点。杀死抵抗分子无法完成工作，因此应该设法改变工作动机。"

有了让员工感到满足的工作动机，一个人才有动力把事情做得更好。我为什么而干？员工往往是从自己能获得什么开始思考，这样才能定义自己所需要的是什么，也才有可能找到清晰的工作坐标。

知识工作者并非全为钱工作

"我有钱了，还怕招不到人吗？"

当很多人都在探讨如何通过奖金、股票、期权这类奖励模式来提升员工工作积极性的时候，有没有考虑过，对于一个知识型团队来说，这种激励模式是不是走偏了？

我们已经不是过去的年代了，也已经不是吃不饱、穿不暖、跑马圈地和资源稀缺的时代了。

我们认为，在满足了基本物质生活的基础上，薪资已经成为保健因子，而不是激励因子。

薪资是满足个人正常工作的报酬，很多人却把薪资和奖励这两个东西混同了。

因发现绿色荧光蛋白而获得2008年诺贝尔化学奖的日本科学家下村修，他研究水母为什么会发光，坚持了几十年终于有了重大发现。让下村修支持下去的是他的初心："我做研究不是为了应用或其他任何利益，只是想弄明白水母为什么会发光。"

当工作本身更有乐趣的时候，若过于强调外在激励反而会弱化工作本身的激励作用。

一群孩子天天中午都在一个老人的屋外踢球，吵得老人无法睡午觉。有天老人出来对那些孩子说："我特别喜欢热闹，你们过来踢球我很开心。这样，你们每次过来踢球，我就给你们一元钱。"孩子们就很开心，天天来踢球。过了几天，老人说："我这几天没有那么多钱了，你们来踢一次我只能给五毛。"孩子虽然有些不开心，但是还是继续来踢球。又过了两天，老人说："我实在没有钱了，但我特别喜欢你们过来踢球，你们能不能免费过来踢。"那些孩子撇撇嘴："没有钱还想让我们免费踢？想得美！"之后就再也没有来过。

这是一个非常典型的用外在奖励消解内在动机的例子，也是典型的将动机标价。动机标价就是通过外力（市场力量）改变了做事情的初衷。

对于本身做得好的地方，根本不用额外设置奖励，因为这样反而会起到反作用。

当然，我并不否认奖金、股票、期权这些外部激励手段的作用，但我认为，能够让人才留下来，这些真的不是最重要的。

了解知识工作者的真正需求

那么，什么才是知识工作者最想要的东西？

LinkedIn旗下职场社交App"赤兔"有一份"智识工作者"调查，有个题目是"选择当下这份工作的主要原因是什么？"回答第一的是"工作内容"，占38.5%，其次是“薪资福利”，为37.3%。而在另一个问题“让你持续保持工作积极性的主要原因”，排在第一的是“不断有新项目去施展、挑战、成长”，比例高达45.3%，远远高于排在第二位的“可期待的晋升路径”（13.4%）。

我们总认为通过薪酬待遇能够提高工作积极性，从而提升绩效，但我告诉你这不是真相，一个人的内在动机确实需要外在刺激来保持一定的兴奋度，但是只能管一时，不能让人在内心里产生认同，从长期来看，物质奖励的刺激作用一定会失去效力，除非你能不断地提升奖金额度，这就很容易造成人对奖励的依赖，甚至本来喜欢做这件事，最后却变成了纯粹为奖励而工作，反而觉得这个工作一点意思都没有了。

另一个风险是，一旦哪一天没有物质奖励或者物质奖励降低了，就失去了工作的动力。

美国企业家德普雷说：“人们之所以需要工作，是因为希望得到自由发挥的机会。对于热爱工作的人来说，工作本身就是对他的最佳激励”。

由数万名无偿贡献劳动力、以协作和编辑为乐、完全免费的维基百科打败了微软投入巨资和人力开发的百科全书。还有Linux，这个被大公司IT部门普遍应用的软件是由一群没有报酬的程序员设计的。

因发现绿色荧光蛋白获得2008年诺贝尔化学奖的日本科学家下村修，支持他坚持做研究的是他的初心：“我做研究不是为了应用或其他任何利益，只是想弄明白水母为什么会发光。”

这些行为表明，即便没有物质回报，依靠好奇心和探索精神，同样可以激励一个人孜孜不倦地付出和投入。

工作本身是吸引知识工作者的关键

对于一个组织来说，它的成长取决于每个个人的成长，而个人成长的关键在于他的自我驱动能力是否强大。

“我很爱做这件事”比所有的外在激励和刺激效果都要好，因为“我”在工作过程当中，能够不断感受到工作本身的回馈，这种精神上的满足，是金钱取代不了的。

过去曾有个表现良好的员工辞职，我跟那名员工进行了离职谈话，并请他告诉我离职的真实原因，他很诚恳地跟我说，他之所以离职，不是因为其他原因，而是觉得当时没有什么事做，这不是他想要的工作模式，只能选择离开。

我后来了解到情况，他的离职，确实是因为工作量不饱和所导致，然后我找了他们的部门领导进行了深入沟通，调整了相应的人员分工和工作内容。

很多公司人员流失的问题不是激励不足，也不是薪酬不高，而是工作设计出了问题，工作设计和人员编制没有做好，无论你给它制定看上去多么完美的薪酬方案也无济于事。可惜的是，很多公司没有认识到这一点。

Netflix（网飞 / 奈飞）有一条人才理念："你能为员工提供的最佳福利，不是请客吃饭和团队活动，而是招募优秀的员工，让他们和最优秀的人一起工作。"

所以，一方面，要把工作内容设计得更丰富、更有挑战性，另一方面，要多培养导师级别的管理者，始终引导员工不断进步。做到这两个方面，才能真正地让员工持续的成长，并且获得他们真正想要的东西。

分工、协作、赋能

一项工作分工不明、职责不清会怎样？

80% 的人会告诉你，这样会造成相互推诿、扯皮、增加内耗，所以按照传统人力资源管理的逻辑，就是先要理清楚岗位职责，然后进行具体分工。相信这些"套路"为很多管理者所熟悉，但这样做也常常忽略团队搭配问题，在没有对下属深入了解和认识的基础上就进行工作分配，往往会事倍功半，很多团队成员协调性差，不是一句"缺乏团队精神"就能说明问题的。

基于分工理论进行岗位职责细分，一方面是为了追求专业化，一方面是为了提升工作效率，但这样做的反面就是弱化了协作。

在互联网时代，人处于网络化的众多节点上，对相互协作的要求也越来越高。

新木桶理论：重视组织系统能力培养，而不是简单相加

木桶理论告诉我们，一只水桶能装多少水取决于它最短的那一块，这就是短板效应。类比到一个组织当中，就是构成组织的各个部分是长短不齐的，而短板决定了整个组织的水平。

按照木桶理论，那是不是说补足短板就可以提升整个组织水平了呢？比如公司招不来人才，就把薪资涨起来，同时给招聘人员下达考核任务。看上去这是一个很好的解决办法，可是，如果提高新招人员的薪资，就会造成高于内部其他相当水平的员工薪资水平，其他人员要不要一起调整？如果调整了一个岗位，那其他岗位要不要也调整呢？

这就属于按下葫芦浮起瓢，没有从系统上解决问题——局部（短板）优化不代表系统解决。

企业中总有一类人认为：我履行好自己的工作职责就好，其他不关我事。比如，某员工接到一个很重要的客户电话，接电话的员工说："这不是我的事，你找某某部门。"可能就会把一单重要业务弄丢。如果一个人没有团队协作意识，只是做好规定的"分内工作"，那么就会形成"各人自扫门前雪"的现象，反而起到相反的示范效应。所以，短板理论只是专注于解决某个点的问题，容易忽视相互联系的系统性因素。

在 4×100 米跑步接力赛中，其交接棒的过程十分关键，接棒者不是在原地不动，而是在 20 米的允许区域内，从接力区后端开始起跑，等到接棒区中再完成交接棒。

因此，新木桶理论强调的不仅是各板块的长短问题，也强调板块之间的连接问题，通俗来说，就是板块与板块之间要实现自然过渡和无缝对接，否则你盛了多少水都会漏完。

所以在做工作设计时，要相互覆盖一些内容，不能什么都规定得"刚刚好"，有很多需要对接的"真空地带"，这是职责覆盖不到位的地方，这时候就需要相互配合和紧密协作，这也是为什么很多岗位职责的末尾要加上一句"完成上级交办的其他工作"的原因。

运用人工智能算法实现按需匹配，挖掘员工潜能

过去，员工的工作分配主要来自上级，即由上级给下级指派任务，由行政职衔决定，这样一种模式的好处在于层级分明、工作责任归属清晰，但是这里存在一个假设，即上级要充分了解员工的意愿和长处。

事实上，很多行政上的领导都不能做到知人善任，更不能挖掘和发展员工的长处，因为领导也是人，他有自己的主观看法，在人和事的匹配上难免产生偏差，也就达不到真正理想的工作效果。

而现在有点不同的是，在互联网和人工智能推动下，分配工作的逻辑发生了很大变化，它主要靠的是一套算法来优化匹配工作，相当于一边输入的是“需要什么”，一边输入的是“能提供什么”，然后将这两个东西装在一个箱子里，让二者直接对接，实现自动匹配。

一个最简单的例子，就是使用滴滴出行，作为乘客（需求方），先要确定出发点和目的地，然后生成一个需求到达滴滴后台系统，滴滴再根据位置等数据信息查找到最近的车辆，然后把乘车需求发送过去确认，实现自动匹配。

在更大范围内进行一对一的服务交付，并且作为用户可以点评、发表看法，自动实现供给者和购买者优化配置。

提供满足个性化需求的服务方案或小批量产品也是这个道理，市场个性化需求的涌现倒逼企业在组织方式和生产方式上做出改变。管理大师彼得·德鲁克说过：“组织的目的就是用人所长。”在互联网时代，供给与需求的匹配，人与人的取长补短，借助互联网技术自然而然发生，不再完全取决于掌握职权者进行生硬的划分。

许多岗位的工作内容，已经不像过去那样规定好的、固定不变的，而是根据需求随时变化。基于分工的协作随时都会发生，而这种协作多是跨部门、跨组织甚至是跨界的，工作者的角色和身份也因此需要经常切换。中兴通讯的“项目管理制”就是很好的案例。

中兴通讯的“项目管理”不再局限于按岗位组织工作，而是按照角色或项目来组织工作。员工的头衔只在一段时间内有效，主要以任务和项目为导向，

比如“某某产品发布负责人”，有的员工可能同时参与多个项目，实现“横向”流动，提供丰富多样的工作机会和挑战。

通过项目制的方式，重新定义“管理者”并且划分其管辖地盘。“管理者”不再局限于有行政职务头衔，他或许是某条产品线、某个项目的负责人。项目负责人的工作是跨部门的，他把跨部门成员组成一个新团队，他要做好项目规划和计划、人员分工、资源调配以及项目奖励方案的设计，确保系统运转正常。在具体工作安排上，他有直接的话语权，他不需要对各部门主管领导负责，只需要对产出和产品负责；项目组成员在行政上可以隶属于不同部门，但在项目工作当中，他必须听从项目负责人的安排，参与到整个工作链条中去。

当然，项目管理对业务流程、财务核算体系、组织模式都提出了变革要求，需要做相关配套支持，否则做项目管理会沦为一句空话。通过项目锻炼具备单兵多项复合能力，能够比原来单一模块的专业岗位提供更及时、全面的支持和服务。

团队建立起来，在奠定了基石人员以后，就要充分地给员工赋能、授权。尤其对于知识分子来说，要放手让他们去做，在遇到问题的时候还有专家给予指导和解惑，这样他们的成长速度将会很快。

赋能有授权的成分，但不是简单的授权。从字面理解，就是要赋予属下能力，一方面要放手让属下做事，但重点是员工激发内在驱动力，从某种程度上来说，赋能应该属于领导力的范畴。赋能等于输出一套方法论，包括工具、文化（引导、导师）、支持（结构设计、资源配置）等。

在《重新定义团队：谷歌如何工作》一书中有这样的观点。

员工最需要的不是激励，而是赋能，也就是提供员工能高效创造的环境和工具。组织化的职能不再是分派任务和监工，而更多的是让员工的专长、兴趣和客户的问题有更好的匹配，这往往要求更多的员工自主性、更高的流动性和更灵活的组织。

第三节　如何给优秀人才定薪

最常用的定薪工具：锚定

假定我们招一个人，面试已经通过了，我们问对方要求多少薪资，对方报过来一个价格，月薪不低于两万元。

那我们怎么去判定这个两万元合不合理呢？通常我们做两个动作：

第一个动作，就是看我们能给多少？

如果要的是在这个职位的薪酬范围内，一切都好谈，如果超出了这个范围，对不起，要明确告知对方，给不了这么多。

第二个动作，就是看对方值不值这个价？

对方值不值这个价，我们经常做的一个动作是什么？就是问对方上一家单位的工资是多少？希望对方如实告知，有的可能还会要求对方提供上一家工资的流水。

我们为什么要对方提供工资流水呢？至少有三个目的：

（1）证明对方说的是实话，没有撒谎。

（2）能够了解行业内同等职位的薪酬水平，以便我们及时做出调整，保持薪酬吸引人才的竞争力。

（3）如何给对方定薪做参考。

当然，这里要补充一点，让对方提供工资流水这种情况，可能有的 HR 觉得很难为情，不好意思要。但我认为没什么不好意思，根据我的经验，大部分人都是可以接受的，也有人不愿意接受，恰恰可以测试到对方的开放度和接纳度，可以说这是一块试金石。

不过我们为了让候选人打消顾虑，我们首先要跟对方声明，他提供过来的工资流水我们会为对方保密，不会用于任何公开用途。

我们来看看，什么是锚定定薪?

我们先举个例子：

假定同一岗位要招两个人：张三和李四，二人学历背景和经验技能等情况相当，他们的工资理应相同。

但是有一点不同：张三在上一家单位的月薪是 5 000 元，李四的月薪是 6 000 元，二人都提出来月薪不能低于目前薪水。

这时，按照岗位的薪酬标准，这个岗位的薪水范围也恰好在 5 000 元～6 000 元之间。

关键是这两个人都想录用，怎么办?

如果按照同工同酬的理念，我们可能会取一个中间值，比方说 5 500 元，让两个人尽量一样。但是原来月薪 6 000 元的人可能就不同意了，那我们怎么办，按照就高不就低的原则，都定在 6000 元。

可是这样做，有些老板就不同意了，觉得另一个本来要求工资 5 000 元就可以了，没有必要定在 6 000 元。

所以实际情况是，可能相同的岗位、相同的能力水平，一个工资 5 000 元，一个工资 6 000 元，差异存在，其实不合理。

那么，这究竟是什么在支配我们做出这样的决定呢?

想理解这个问题，就得弄清楚锚定这个概念。

什么是锚定呢？就是人们在对某一件事进行估算时，常会由于外界原因锚定一个参考起点，并在此基础上往前移动，达到个人想要的一种期望值，这就是“锚定”现象。

事实上，锚定现象不仅存在于招聘方，也存在于求职者一方。像上述案例，张三和李四说工资不低于目前工资，实际上是对自己的锚定，也可以说是对自己的估价，而那个过去工资低的可能就吃亏了。

换句话说，定工资，很难做到绝对的公平，因为锚定现象的存在。

理论上，我们说定工资，应该是价值决定价格，你有多大的能耐，就应该给多少钱，但许多事情是无法用价值决定价格来解释的。

还有，我们听到某人拿着高薪，那是不是意味着他真的值这个价呢？理性告诉我们，这不一定。但是感觉会让我们觉得拿高薪的一般都很牛，自然带着一层光环，这就是光环效应，这也是为什么我们很多时候常常高估对方的原因。

如果按照价值决定价格理论，我们在定薪的时候就应该把所有职位内在因素和外在因素都考虑到。比方说，对候选人进行两两比较，按照职位要求的因素来定薪；再比方说，按学历划分来定薪，是不是很简单？

其实也不简单，严格来说，还要区分名牌、重点、双一流、一本、二本，是否优势学科，是否专业对口，是否统招、自考、成人函授等，这些因素都要考虑在内，这会让定工资的人抓狂的，更别提背景、经验、技能这些更加复杂和难以量化的因素了。

那怎么办？与其如此花费脑力去测算，不如直接用价格去锚定，价格是最简单直观的反应，不管它合不合理，关键是它能够计量，这一点最重要。

有了价格锚定，剩下的再去评估！这才是我们的常规操作。

所以，我们定薪，总是问他过去拿多少钱，实际上是锚定他。这是一种方法，不能说这样不对，但这样做也存在很大的弊端，那就是假定候选人过去的薪酬是合理的。实际情况是，很多人正是因为薪酬不合理而跳槽的，这就产生了一种互相矛盾的现象。我们不能排除这种情况：有些人过去薪资明显偏低或者偏高。

所以，对上一家单位的薪资进行锚定还是不够的，也要结合市场，根据市场来锚定，这样的好处是能够吸引到较为优秀的人才。

不过纯粹从市场角度考虑不从组织内部考虑，也会带来一定的问题，一是薪酬成本负担过重，二是内部公平性问题，尤其对于有贡献的老员工来说，这会带来明显的不公平感，进而可能会引起内部动荡和人员流失。如果从内部薪酬水平来锚定，同样也会带来一定的困境，为了照顾内部人的情绪和公平性，可能会对优秀的人才失之交臂，很难招到我们所想要的人。

说到底，锚定这项工具，主要解决的是内部和外部平衡的问题，但是仅仅掌握这个工具是不够的。

知识经济时代，组织更加依赖于人才去创造价值，如果死守一成不变的薪酬系统，就很难招到优秀人才。

所以很多时候，必须通过双方谈判来解决薪酬待遇问题。

需要升级的定薪工具：博弈和估值

博弈定薪

工作中的博弈无处不在，定薪的过程就是典型的博弈行为。

但是无论怎样讨价还价，最终的结果一定要追求双赢。

当然，我不主张候选人狮子大开口，比方说某岗位市值最多只有 1 万元，却硬要开价 2 万元。这种情况，要么真是非常之人，要么就是极度自恋，不过我相信很多公司不会愿意出这样的价。当然敢要也是一种策略，就看能坚持多久。

同样，我也不主张用人单位为了节省 5% 以内的薪酬刻意压低对方的薪酬要求。这样做，对方即便入职了，也有些勉勉强强，入职后对薪酬满意度不高，时时想着怎么补回来，做事也就不会那么上心，甚至还留意有没有薪酬更高的工作。对企业来说，这样招人是得不偿失。

说到底，谈判薪酬就像打牌，取决于双方的筹码有多少，一旦成交（候选人入职），后续想提薪难度就会成倍增加。

所以对候选人来说，用好筹码很关键，那我们就先看看候选人有哪些可用的筹码。

（1）学历。如果毕业的学校是重点名校，又是重点专业，筹码明显更多。

（2）品牌背书。如果过去工作的企业很有名气，又有美誉度，很明显，有助于提升个人品牌形象，也可以说这就是“光环效应”。

（3）职位。如果过去担任的职位很重要，尤其还呈现出上升的过程，那就说明对方具有了一些经验方面的优势。

（4）业绩。有拿得出手的业绩，排名前列，并且能够提供证明，无疑就很有说服力。

（5）知识和能力结构。这个不太好考察，但是面试中如果呈现出了丰富的知识储备以及很强的专业能力，很明显也是很高的加分项。

除了候选人的这些筹码，公司方也有自己的筹码，同样会影响谈判薪酬水平。

一是供需关系。

首先看岗位的市场稀缺性。

这几年，技工的薪酬为什么比白领涨得快？就是因为技工的活没人干，想当白领的人大把，有挑选的余地，这就是人才市场供需结构失衡的问题。

其次是看能力结构的稀缺性。

候选人会写程序，这没什么稀缺，只是个码农而已。一般 IT 行业人都比较沉稳，写代码可能是个高手，但论人际沟通和协调就比较困难。如果对方沟通能力强又有一定领导能力，那就是复合型人才，所开的薪酬可能就大不一样了。正如开头我的前同事，他不仅代码写得好，又能清楚对接需求，负责和协调项目进程，让 IT 人员敬服，这就有了 CTO 的潜质。同样的道理，你是做薪酬的 HR，这没什么稀缺，但如果具备了极强的沟通组织能力，那完全可以往组织化发展方向去发展，其个人价值明显更高一些。

再次，我们还要看战略紧迫性程度。

企业对某关键岗位人员需求的紧迫性程度，决定了你愿意拿多少钱去投入。谁都知道区块链人才少，短期也很难看到创造多大价值，但是这种人才却要求薪水很高。因为有人愿意买单，愿意去争抢这一块人才资源。虽然你看不懂，但说不定是人家的战略投入重点呢。

所以，如果对方原来月薪 1 万元，但是符合以上三点中的一点，需求一旦匹配精准，即使出 2 万元也值得，反之就没有必要。

二是品牌吸引力。

企业品牌有大小和强弱之分，对人才的吸引力不可小觑。如果是强势品牌，或许薪酬待遇不一定高，但是有品牌背书价值，会为候选人今后跳槽到其他公司打下良好基础。

如果你的企业品牌有足够吸引力，薪资不是最高也同样具有竞争力，即便候选人一时没有获得很高的待遇，但是对未来的收入会有直接的影响。

作为 HR，想一想，给予候选人的，除了钱，还能给他什么？

我曾操作过一个案例，一位候选人有两份录用通知单在手。除了我们，另一方给他开的薪酬比我们高。这时候，我在用激情打动对方，介绍了企业的发展前景，以及在细分市场上保持的头部地位，“这是一项很具有挑战性和探索性的工作，你的前面没有标杆遵循，一切都靠自己去创造”，最重要的是，还强调了我们团队很优秀，对他非常认可，热情欢迎他的加入。

最后，他选择了我们企业，并且成为我们企业的优秀员工，在试用期内就得到了提拔。

博弈是薪酬谈判的主要解决办法，特殊情况下，还要用到人才估值。

估值定薪

我曾经面试过一个招聘主管，5 年工作经验，开价 2 万元。

我觉得高了，我认为凭对方的能力水平，根本不值这个价，但是很快“打脸”，他跳到另一家公司，人家给他的月薪开价 2.2 万元。

这让我深刻意识到，一个人的劳动值多少钱，除了岗位的内在价值（能力水平），还有行业价值，以及时间价值。

这就涉及人才估值的概念，那怎样判断一个人的要价究竟是高估还是低估呢？

几年前，我的前任人力总监曾跟我分享过一个案例。

他曾面试了一个有投行背景的人。谈完之后，他认为最多给对方年薪 50 万元，没想到对方要 80 万元，他不想给，最后公司总经理亲自拍板：录用，年薪 100 万元！

这个人入职后，帮公司拿到了支付牌照，价值已经不是 80 万元、100 万元可衡量的了。

那么真的是老板更有眼光和胸怀吗？我看未必。

为什么很多具有 2 ~ 3 年经验的程序员年薪能到 30 万元以上，真的值那么多钱？

对于人才的价值，如果我们还是跟过去一样做横向比较，确实很难看明白，而且怎么看都觉得是“赔钱货”。如果我们始终站在过去看现在，以在传统企业工作的经验看待人才，那么真正的牛人就进不来，人才队伍就始终不能升级。

投资人在计算一家企业的估值时，看重的是它的未来上升空间，眼睛盯着的是预期和现在估值之间的差异。对人才的估值，其实跟投资人对企业的估值是一样的，本质上，是这个人能够给你创造什么价值，而不是你要支付给他多少钱。

知乎上有个问题挺火：面试的时候，销售经理让你把一瓶矿泉水卖 300 元，你会怎么应对？

大部分人都习惯把注意力放在产品上，让别人认为这瓶水本身很有价值。比如宣称：这瓶水来自海拔 8 000 米的雪域高原；这瓶水是马云喝过的……真正有营销意识的人会给出类似这样的答案：买一瓶水，引荐你去见他熟识的重要人物。这卖的是关系，一如巴菲特午餐。先定价，再按这个价格做文章，要么让感觉不贵的人愿意买单，要么抬高人的预期。

基于这一点人事，我曾以一个失败者的角色，告诉一个新入职场的员工，要考虑的不是学了很多东西去增值，然后企图卖出个好价钱。而是先把自己锚定一个价格，然后围绕这个价格打造自己的附加价值或者通过特殊手段进入高薪行业。

有些事情是赛道决定的，不是自己内在价值决定的。

对普通岗位的招聘，薪酬大体上是有范围的，也可以说是确定性的。因为岗位工作是确定性的，产出和绩效也是确定性的——做得好就是做得好，做得不好就是不好，容易被观察与衡量。

但是对于高层次人才定薪，无疑是一种风险投资，招聘这种人才无异于一次押注。上面的案例说明，不是总经理更有眼光，而是他赌对了。

人才估值的概念，就是要结合场景来做。这个场景，就是这个人，在什么情况下，作了一次什么样的谈薪交易。对于个人来说：我现在值多少钱并不是最重要，重要的是未来值多少钱。

人才估值工具，是解决一个人的发展潜力问题，既是基于现在，也是基于将来。因此我把人才估值模型总结为四大要素。

一是行业要素：对方所经历的细分行业，是不是风口，有没有很长的赛道。

二是企业要素：对方的背景经历是否是龙头企业，有什么文化特征和管理模式，在对方身上有什么烙印和投射。

三是职位要素：职位经历决定了对方具有什么样的经验和能力水平。

四是潜力要素：决定了对方的未来发展潜力。可以说，人才估值的本质，主要看这一点，对于任何一家企业来说，要想决胜未来，培养未来的领袖或管理者都是重中之重，但这一点也是最难评估，因为潜力评估要解决的不是眼前的“燃眉之急”，而是看一个人是否有前瞻性的战略眼光以及对人性的深入洞察。

如果一个人具备以上所有四大要素，开出一个高价完全是在意料之中，至于最终是否录用，则要结合企业自身的综合因素加以考虑，但这就不仅仅是薪酬就能解决的问题了。

第四节　奖励应该怎样发才有效

一个偶然的机会，我参与了某公司召开的应收账款专题会议，为了加快应收账款进度，某分管销售的高管提议："应该给销售人员设收款奖励，最近大家缺乏士气，没什么收款积极性"。他的意思是说：没有奖励就没人愿意收款。

他的提议很快得到了响应，似乎只有这个办法才行得通，只是总经理还没有表态。看到这种情形，我不禁倒吸一口凉气，这家公司的销售人员本来就有销售提成，现在竟然还要专门设收款奖励！这时候，总经理朝我看过来，示意让我这个"顾问"说几句。

基于此，我便提出了如下几个问题。

"其一，如果我没有记错的话，销售人员本来就设有销售提成，另外设置奖励是否恰当？其二，收款应该是销售人员的职责，也是分内的事，这是岗位要求，现在设奖励，反倒成了额外激励，这是为何？其三，据我所知，现在的销售都拿着基本工资，而且数额不低，换句话说，收回来的款能否抵得上自己的工资都是个问题，这种情况下不扣发工资还设置奖励，是不是有点过？其四，收款除了给销售人员设置奖励外，是不是就没有其他的办法了？”

为了奖励而工作，这家公司危矣！不是危在员工，而是危在管理团队，这种“啥事都想到奖励”的思维模式非常可怕，甚至比“做错事就处罚”的模式影响更坏，坏就坏在一旦奖励不当，就会给公司带来无穷的后患。

奖励不当的几种形式

把应该做的当成超越期望的

奖励一个人，麻木一群人，值得吗？无论是惩罚落后还是奖励优秀，中间的多数人总是表现麻木。显然，这种结果背离了管理者制定薪酬制度的初衷。

“我们公司只有处罚，没有奖励”当某员工说出这句话的时候，听起来是不是有些耳熟？

于是，有人开出药方：“那就多一些奖励，少一些处罚。”

如果这个答案如此显而易见，为什么管理层却视而不见呢？下面就来分析。

假定这个员工说的都是真的，那我们有没有问过这样两个问题：①到底是哪些事受到处罚，哪些事得到奖励？②多一些奖励、少一些惩罚，就一定能解决问题吗？

第一个问题，我们要对具体事件进行区分，了解哪些事是岗位应该做的，哪些事是额外要求的。应该做的没做好，有处罚能够理解，额外要求的没做好而进行处罚，就不太让人能够接受，因为这样意味着做多错多，会损害个人工作的积极性。

第二个问题，奖励一定比惩罚好吗？我看未必，任何奖励，都是有效用的，超出效用范围，激励效果就不明显了，经济学把这叫边际效用递减。通俗来说，奖励越发越多，但激励效果会越来越小，这是成反比的。反过来说，适当的处罚，也有积极作用，说明工作要求严格，让人认识到自身的不足，能有触动，对其他人也起到了杀鸡儆猴的作用，提醒其他人对工作要认真对待。

“多一些奖励、少一些惩罚”的提法往往混淆了“应该做的”与“超越期望的”界限，例如前面提到为应收账款设奖励的事，就是把应该做的事当成超越期望的事，如果这样还设奖励，就会养一群一旦你让他干活、他就会伸手要钱的人，无异于搬起石头砸自己的脚。

把应该做的当成超越期望的另一个例子就是：不出错就应该奖励。不出错分两种情况，一种情况是不做事就不会出错；另一种情况是岗位的基本要求是你不能出错。例如会计、质检员等岗位，对待数字和产品不能有任何马虎，必须认真细致，要求是100%的准确率，如果弄错一个数字，就会影响很大，甚至带来损失。如果不出错就发奖励，那就会失去奖励的作用。

应该做的没有做好，当然要处罚，把应该做的做好了，同时又能超越期望，在不出错的基础上有功劳，那就应该有奖励。

诱发不良动因

干活要有奖励，但是冲着奖励干活，不会有持久的动力，如果有一天没有奖励的时候，干活的动力也就衰竭了。

这种干活的动因，其出发点就是“为了钱”，为了钱不能说是错误，但仅仅为了钱就有问题。当然，退一步说，抱有这种唯一动因的人毕竟属于极少数，多数情况下，是由于公司的奖励不当，诱发了员工不良动因，从而导致相互攀比、愈演愈烈，给自己的公司挖了坑。

因为这一切，都是因为人性的贪欲。这种奖励不当最常见的做法就是采取“如果……那么……”式奖励，例如：“如果你好好干，那么我就给你发奖金；如果你多干一些，那么我就多奖励你一些。”看似你的计策得逞了，可是从另一面，员工同样会想：“如果你给我多发奖金，我才多干；如果你少发奖金，我就少干或者不干。”看看，是不是失算了？如果有一天公司没有发奖励，那就什么事都推不下去了，因为工作安排沦落为“讨价还价”，还怎么干下去？

现在还有很多人在使用“如果……那么……”式的奖励方式，这种做法对于工业化时代的标准化、可量化的工作是有效的，但是，在开放的互联网时代，员工越来越追求个人价值的实现，工作最重要的是开心快乐、能够得到满足感，“如果……那么……”式的功利性奖励模式，已经越来越不适用了。

奖励应当如何发

公司里有一种情况，没有奖励的时候，很多人盼望着有奖励，觉得自己付出的努力应该得到承认，可真要发了奖励，一看别人的奖金比自己多，心理不平衡了。

奖励见者有份，也不是撒胡椒面，更不是平均分配——你好我好大家好。

奖励的目的，其实很多人都没有搞清楚，既不能无缘无故奖励，也不能搞“错位”奖励。

对于公司来说，奖励肯定是带有功利性的。说到底，奖励的最终目的就是得到理想的行为。什么是理想的行为呢？就是你希望员工平时所要做到的。比如奖勤罚懒，就是要求工作勤奋，这是一种导向；还有的只奖励功劳，不奖励苦劳，这也是一种导向。史玉柱就说过，年终他只奖励有功劳的人，但对于有苦劳的人会请他们撮一顿，希望再接再厉、迎头赶上。

不管哪种情形，都有其合理的成分，关键是你选择什么样的导向，就怕导向不明确。

奖励发多少合适？

奖励的部分一定是变动的，到底发多少合适呢？下面这个故事，反映了很多人的心态。

老王辛苦了一年，年终奖拿了一万元，左右一打听，办公室其他人年终奖却只有一千元。老王按捺不住心中狂喜，偷偷用手机打电话给老婆：“亲爱的，晚上别做饭了，年终奖发下来了，晚上咱们去你一直惦记着的那家西餐厅，好好庆祝一下！”

老王辛苦了一年，年终奖拿了一万元，左右一打听，办公室其他人年终奖也是一万元，心头不免掠过一丝失望。快下班的时候，老王给老婆发了条短信：“晚上别做饭了，年终奖发下来了，晚上咱们去家门口的那家川菜馆吃吧。”

老王辛苦了一年，年终奖拿了一万元，左右一打听，办公室其他人年终奖都拿了一万二。老王心中郁闷，一整天都感觉像压着一块石头，闷闷不乐的。下班到家，见老婆正在做饭，嘟嘟囔囔地发了一通牢骚，老婆好说歹说劝了半天，老王才想开了些，哎，聊胜于无吧。把正在玩电脑的儿子叫过来，给他一百块：“去，到门口川菜馆买两个菜回来，晚饭咱们加两个菜。”

老王辛苦了一年，年终奖拿了一万元，左右一打听，办公室其他人年终奖都拿了五万元。老王一听，肺都要气炸了，立马冲到经理室，理论了半天，无果。老王强忍着怒气，在办公室憋了一整天。回到家，一声不吭地生闷气，瞥见儿子在玩电脑，突然大发雷霆：“你个没出息的东西，马上要考试了，还不赶紧去看书，再让我看到你玩电脑，老子打烂你的屁股！”

有时候，奖励的相对数比绝对数更重要，所以在分配奖励时要拿捏准确，最好不要差距太大，这样容易造成内部不公平；对于受奖励者来说，不患贫而患不均，心态很难平衡，从而影响到工作状态。

不过，有一点需要澄清，公平不等于平均，它是按照付出劳动和创造价值的结果来分配的。

奖 + 励，合起来才有效果

钱是奖励，但奖励不是钱，把奖励二字拆开就是“奖”和“励”，多数人只注重了“奖”，却忽视了“励”。

有些管理人员以为员工士气差，是因为收入低，把原因归结为企业缺乏金钱奖励，却从不检讨自己工作不到位，从不承认对下属缺乏激励方法和手段。

首先，要把“奖”阐述清楚：奖不是随便乱发的，而是在满足工作要求之上超越期望的部分，不是人人都能拿到，而是少数人必须通过努力达成目标才能拿到。

其次，要把“励”做到位，激励员工再接再厉、争创佳绩，不断超越自己、挑战更高目标；同时，勉励员工戒骄戒躁，不可掉以轻心，还需要继续努力。奖励合在一起就是为贡献发钱（奖），为努力鼓掌（励）。

奖励什么时候发最有效

在奖励发放上，应当设计体现时效的及时奖，有助于提升员工士气，让员工得到及时得到反馈，分享成长的果实。

当然，更应当设计长期奖励，尤其是针对骨干员工，要做到“细水长流”，宁愿每天有一个面包，也不愿意今天有很多面包，而明天什么都没有。

某公司设计了一个“递延奖金”，就是经营年份好的时候，大笔奖金按年度逐年递延发放，哪怕奖金没拿完，离职了以后仍然每年能拿到剩余的奖金，对于离职员工来说，在这一点上感知是非常好的。

从发放时机来看，奖励要多一些雪中送炭，这个时候的效用最高。

比如，为了赶某一项艰巨任务，加班很晚，这时候公司有人送来热气腾腾的夜宵，就是很好的暖人心之举。小心意，大收益。但有时并非如此。危难时，很小的帮助，对方会记住你，如果持续这样，突然某次因故没有帮忙，对方就会记恨。有句谚语说得好：“升米恩，斗米仇。”如何拿捏，需要管理者特别注意。

第六章　绩效管理：破解实施难点

绩效管理几乎是所有企业的痛点，对绩效考核的态度，充斥了反感、厌恶、恐惧、回避等各种消极情绪。既然绩效考核这么招人嫌，那为啥不废除呢？

“如果废除了绩效考核，员工工作如何衡量？没有人监管，可能完全处于失控状态。”管理当局一般都会有这样的担心。

换句话说，很多企业做绩效考核，是从风险角度考虑问题的，其目的是为了约束，而非激励和改进。那么原因到底出在哪里，如何破解？

第一节 | 绩效管理目的审视

绩效考核要有底线思维

2018 年 11 月 14 日晚，有网友 ×× 曝光其入住的近 20 家五星级酒店的卫生乱象。视频中服务员用浴巾擦杯具、马桶、地板、窗台等。喜来登、华尔道夫、王府半岛、宝格丽等顶级酒店纷纷位列其中。

网友 ×× 表示，“他一共暗访了 30 多家五星酒店，视频曝光的仅仅是拍摄效果相对清晰、比较有代表性的 14 家，事实上酒店卫生乱象的波及面将近 100%”。

五星酒店卫生状况尚且如此，其他酒店能好到哪里去？

根据网上一份某国际酒店卫生管理制度，在客用口杯、茶杯消毒制度中包含 8 项程序。

（1）从客房撤出的茶杯、口杯放到消毒间倒尽茶水；（2）把茶杯放到清洗池内，用清洁剂洗净，然后放到冲洗池内用清水冲净；（3）用消毒剂配上一定量例水装到消毒桶内，按药剂说明为准，一桶水放一片“一片净”消毒片；（4）将洗过的茶杯、口杯浸泡在消毒水内，时间至少10分钟以上（化学消毒法）；（5）或将清洗好的茶杯、口杯擦干连同铁框一并放到消毒柜内消毒（物理消毒法）；（6）打开消毒电源（自动消毒），消毒至少45分钟后将茶杯取出；（7）取出已消毒茶杯、口杯储存到封闭的保洁柜里以便备用；（8）在消毒记录上做到登记，记录消毒的时间和消毒工的姓名。

但实际情况是，这些规定难以执行，一位酒店工作人员向凤凰网财经表示：“服务员的工资和工作量是挂钩的，一个房间提成多少钱，所以要很快地打扫，尽可能地多打扫”。

换句话说，这样的规定与考核提成自相矛盾，所以才会形同虚设。在考核背后，隐藏着各种利益关系，每一条考核指标都代表了一种价值取向。

利益驱动是一把双刃剑

想让员工拼命干活，除了愿景，还必须有利益驱动。

所以人们总是希望干得好、拿得多，这才有动力。正因为这一点，很多企业把绩效考核结果与利益挂钩，以此来刺激员工的工作积极性。但这样做的负面作用，则是让一些具有内驱力的员工转而为钱工作——本身就想把事做好，结果变成了因为拿钱才把事情做好。

所以，与利益挂钩的绩效考核让一些表现良好的员工又爱又恨——爱在有经济利益驱动，干得好有奖金拿，恨在有些指标让人违背心意做事。诚如某企业一位程序员说：“自从有了KPI考核指标，我不再面向对象编程，而是面向KPI编程。”

可以说，考核作为一把利器，必然会带来趋利避害的行为——这里的“利”主要是经济利益，这里的“害”主要来自组织压力。在考核的背后，是各种利害关系的博弈，从来都不是考核“绩效”这么简单。可以说，考核体现的是组织意志。考核结果除了会与收入挂钩外，还有饭碗问题，作为员工，孰轻孰重，谁不会掂量掂量呢？

利益导向会让各方力量不断博弈，总是以力量相对强大的一方占据主导，最有可能出现以下几种情况，如下图所示。

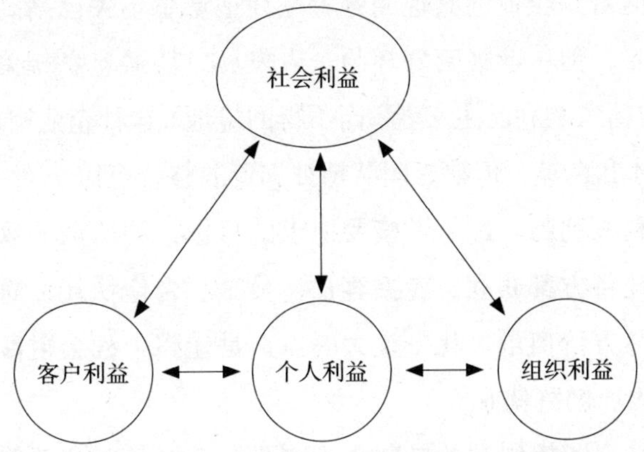

第一种，损人不利己。员工赢了，企业输了。局部指标看上去很漂亮，但整体绩效却没有任何提升，为了顾及极少数人的利益，奖金仍然照旧发，谁知企业经营不下去，难以为继。或者企业总是从员工身上打主意，表面上看企业占了便宜，但却是杀鸡取卵的短期行为，导致团队整体士气低迷、绩效不彰，直至每况愈下，陷入恶性循环。出现这种状况，往往是因为把企业和员工放在对立面考虑问题，没有想到二者是利益共同体。

第二种，损人利己。为了个人利益损害集体利益，为了短期利益牺牲长远利益。比方说，老板和员工一起骗客户，表面上看企业赢了（企业赚了钱，员工拿到奖励），客户 / 用户输了。但是其唯利是图、造假制假的行为，最终纸包不住火，轻则信誉扫地、利益受损，重则企业倒闭、个人锒铛入狱，这无异于搬起石头砸自己的脚，最终害的还是自己！

日本神户制钢所曝出长期篡改材料数据，以次充良，竟然长达十年之久。（摘自腾讯财经 2017 年 10 月 17 日《一文读懂神户制钢造假案：丰田波音等 500 企业中招》）丑闻一出，天下震惊，为此有人断言：日本质量神话破灭。神户制钢所能数年如一日的造假，必定有深层原因，但是有一条关于良品率的考核指标与造假不无关系。为什么追求良品率？这与管理层追逐短期利益脱不了干系，因为这样做可以提高企业效益。至于“成本和交付压力”的说法，不过是托词。

第三种，利己不损人。无公害，忠实履行分内职责，有独立解决问题的意愿和行为，但看到企业的其他问题，往往抱着事不关己高高挂起的心态，虽然想独善其身，但企业经营好坏与个人发展、待遇息息相关，很难切割开来，处于想做“精致的利己主义者”而不得的境地。这种企业往往凝聚力不足，单个看都是人才和精英，但缺乏团队精神和资源整合意识。

第四种，利人利己。这是考核要追求的目标，即所谓的双赢甚至多赢！利人利己，是让各方都获利，包括客户、员工、合作伙伴，简单来说，让利益相关者和参与方价值最大化。说大一点，是让整个社会财富增值，担负起社会责任（税收、创造就业等）。

总归一句话，考核的利益导向，一定要权衡好各方利益关系，有时为了更长远的利益，甚至做出必要的利益“让渡”。用好了，能起到正向推动作用，用得不好，则会成为个人谋利的工具，让人性中的贪念恶行大行其道，让组织友好氛围和个人幸福感荡然无存！

达利欧在《原则》一书里说，他不喜欢投行的人，因为在投行工作，来钱太容易，到处充斥着嫉妒和贪得无厌，一个年薪200万元的人会对另一个年薪300万元的人妒火中烧、钩心斗角、处处作对。在投行工作，会把人弄废掉。

能否守住考核底线，决定组织能走多远

曾经喊着肯德基开到哪里，它就开到哪里的国产快餐品牌荣华鸡，在2000年接连亏损后宣布撤出北京，最后倒闭。其中很大一项因素来自自身规定：超时卖不掉的产品，可以低价出售给员工，而肯德基麦当劳则要求必须倒掉。长此以往，因为希望买到便宜的炸鸡，荣华鸡的员工们开始有意多炸几只，等到超时后低价购买。

这给了我们什么启示呢？假如你是公司员工，你是想方设法把公司产品卖掉换钱，还是想着少卖一些剩下的留给自己享用？理性告诉我们要多卖产品才能多发奖金，但终究敌不过眼前的那点实惠和诱惑，人性的短视和急功近利，是禁不起推敲和考验的，这就需要严格的考核制度去规避。

有人曾给HR薪酬管理岗位设了一条KPI指标，叫作工资核算差错率。我觉得很奇怪，这样的工作是不容许有差错的，做对了不会加分，但算错了要扣分。尤其涉及差错率、损耗率的问题，不得不审慎。

这个道理跟财务记账、计发工资一样，根本不应该允许错误发生，这是岗位的基本职责要求，如果连这一点都做不到，那坐在这个位置上的人就不合格，更谈不上胜任了。因为这样的口子一开，再难弥补，不仅会损失一时的利益，更会成为争相效仿的坏榜样，让组织患上败血症。

千里之堤，毁于蚁穴。设计考核体系如果没有底线意识，宣称越科学、越先进，可能风险越大，不执行还好，执行了反而会自食恶果！

考核机制如同轨道，人性如同火车，人性必须在轨道上运行，否则就很容易脱轨、翻车。所以考核的前提就是要有底线，不作恶，不做伤天害理的事。

绩效考核目的和标准

绩效考核的真正目的当然是为了改善绩效，但怎么改善绩效，这就需要有“标准”，标准在哪里，人的行为就会在哪里。

在电影《手机》中，有一段台词很能说明问题，当时严守一打电话给费墨：

“费老，我在宾馆出事了，你快给我送200元来。”

“不要着急，慢慢说。”

“我抽烟，把地毯烫了3个洞，他们让我赔钱，说一个洞100元。”

“你确定一个洞，要100元？”

“嗯，3个洞300元，我还差200元。”

“那你把3个洞烫成一个洞不就结了！”

所以规则一定要说清楚，否则很容易被人钻漏洞。

做绩效考核，最需要的是系统化思考，先做什么，后做什么，一条指标对其他指标乃至整个系统的影响，不可不察，否则就是南辕北辙、走向邪路。

首先是现实性。现实性，就是要评估现状，时机和条件具不具备，重点在于考核基于现实条件之上(如果没有条件就必须创造条件)，能操作、可操作。

有些理论很科学，但并不好用，理论与现实的距离总是差了好几条街。比如，依照SMART原则制定出来的指标，确实很漂亮，例如：成品一次性抽检合格率，但发觉根本用不了，为什么呢？原来连基本的数据记录都没有，界定也很成问题，那这条指标制定了不等于没制定？所以，我说的可操作、能操作，至少包含了以下3个意思：

一是可以获取工作信息/记录。一家没有记录的企业是无法进行考核的，雁过留声，工作过要留痕。这些留痕主要有工作记录、工作产出数据等，主要是日常的工作日志、各种记录表、每周工作总结、月度工作总结计划、半年度、年度工作总结计划等，这些一定要能够获取到。

二是能够衡量。工作做得怎么样，需要量化。就像一把尺子，能够测量出来，像身体健康检测指标，像财务指标，一定是要可数量化的，但你要有一把有刻度的尺子。

三是能够描述。有些指标是不能够测量的，或者测量起来十分费事费时，管理成本很高，没有必要去测量，这些指标虽然不可直接测量，但意义重大，比如建立企业文化体系、建立绩效管理体系，这就是所谓的定性化指标，定性化指标如何打分？一般是通过评价强弱程度来分级，但是要注意的是，这个强弱程度，靠主观判断，但绝不是靠印象和纯粹拍脑袋打分，同样需要证据支持，也就是你做了哪些工作，要求的事情有没有做好？要能够描述出来，这就是举证，根据这个打分，至少是有一些眉目，能够尽量缩小客观与实际的差距。当然，考核衡量要看细化到什么程度，刚刚实行的时候，可能采用曹冲称象的方法更合适。

我们把一个物体移动10厘米很好移动，可是如果需要移动10纳米就非常困难。

再次要有引领性。我之所以用“引领”而非“导向”这个词，就是想表达，考核应当确保成功而绝非单纯避免犯错。所谓的导向性，还是从负面角度设计考核指标，然后无所不用其极地进行量化。比如，对程序员的考核指标是：

“每天写一千行代码、错误率不超过千分之一”等。量化确实量化了，可是却把人当作了写代码的机器，一不小心出错还要挨罚。试想：这样的考核除了让人反感和惶恐，能让程序员产生积极的工作行为吗？

类似的考核只能束缚住人的手脚，让员工不敢越雷池一步，就连正常的能力水平都难以发挥，就更别谈什么创新和创造了。

既然你在考核上大包大揽，不问因由地处罚犯错行为，那么对员工来说，最安全的做法就是尽量少干，这样犯错误的概率就会变少。所以我们看到有一些很能干的人，做事缩手缩脚，不能发挥全部潜力，其实与这样的考核不无关系。

有人说：如果没有惩罚措施，那有人故意把事情搞砸怎么办？不排除有这样的人存在，但是毕竟很少，况且任何东西都有例外，如果有人故意这么干，那就不是简单惩戒、惩罚就可以解决的，而是直接请他走人。

遇到做错事，考核手段首先是惩前毖后、治病救人。但是我们很多人做考核不是治病救人，而是另有目的，这就与考核初衷背道而驰，让员工失去了基本的安全感，又何谈安心工作呢？

KPI 指标要指明方向，目的要搞清楚，需要什么就考核什么，不是为了考核而考核，比方说，需要有战略地位，就要考核市占率。但是作为 KPI 指标合不合适呢？这种指标是维持性的，维持性的指标只能保证不做错，但是不能保证做成功。包括人力资源管理工作，要思考的是怎样取得成功，而不是如何避免犯错，要想不犯错，那就不做事，不做事就不会犯任何错误！

最后是合理性。指标设置是否合理，要看问题定位准不准。

一方面，表现在是否可控。指标一定要自己能够控制和主导，不能让自己的命运掌握在别人手里，比如关键人才异常流失率。这个指标与人力资源部门有关，但不是强相关。因为我们发现：对某直属领导不满意是离职的最主要原因。人力资源部门主要起到协助性和支持性的角色，主管领导起到的是决定性作用。

另一方面，是否有系统关联。指标是一个统一的有机体，不能相互打架、相互矛盾，要通盘考虑。既要有数量指标，也要有质量指标，比如招聘经理的 KPI 指标，不能只是面试人数，还要有面试合格率。一个部门负责人在脉脉匿名发了下面一段话：

对 HR 部门说了无数次了，HR 那边简历初审通过后，先发简历给用人部门，我们看过再决定要不要面试。但是这帮人每次都是自己把人就叫来了，简历给我们一扔，说有人来面试。我们一看简历，经验不符合，但是对方大老远来了又不能立刻让人走，还要去聊。10 份简历有 9 份都是根本不对口的，这么热的天，你让对方跑过来，浪费对方时间也浪费我们时间。HR 部门为何如此呢？原来公司对 HR 有一条考核指标叫人员到场率，权重占到 50%。

第二节 | 绩效考核如何排名，实现优胜劣汰

英国BBC曾拍过一部关于减肥的纪录片，每天极限运动3分钟，其减脂效果好过每天花一小时走一万步的效果。

原因就在于极限运动瞬间调动了80%的肌肉组织（慢跑只能调动30%），而那一刻身体所需的能量处于极度稀缺状态，就会调动血液里的脂肪加速转换成糖分供给能量需求，这就在无形中增强了减肥效果。

与有机体类似，在组织内部采取优胜劣汰的目的就是促进新陈代谢，焕发组织活力。一个企业若想保持“活力”曲线，就必须打破某种平衡，让人员充分流动起来。

作为管理者，当组织出现逐渐板结和死水一潭的时候，必须敢于打破这种平衡，而且这种打破，不是温水煮青蛙式的，而是有一定强度的打破，制造明显“温差”，以达到良好的“减脂瘦身”效果。

排名：员工考评怎样区分三六九等

每当对员工进行绩效评估和强制分布时，总会让一些主管感到头疼。如果对下属一律评为“良好”，要么无法提交（有的公司考核系统已设定强制分配比例且难以更改），要么被冠上“打分趋中，搞平均主义”的名义退回，要求重新打分。

所以，主管们必须硬着头皮对员工进行考评和区分，但是又确实会遇到这种情况：属下都一贯表现良好，也完成了各自的工作任务，但由于其工作内容皆不相同，缺乏统一的量化衡量标准，又很难进行横向比较，所以只能依靠主观评价进行排名或区分，比如工作态度和日常行为表现等，这就很难避免人为偏好因素的影响。所以硬要在 10 个属下当中找出 2 个不合格来，实在勉为其难。如何避免这样的难题，应从以下几个方面入手。

首先，不搞一刀切。

19 世纪，沙皇俄国对抢劫罪的处罚非常严厉，全是死刑，逮着就毙，结果出现一种现象：凡是抢劫就必定伴随杀人。这对社会危害性反而进一步加大。一方面，既然抢劫是毙，杀人是毙，为了减少反抗，还不如直接杀人更利索；另一方面，只有死人，才不会指控一个人抢劫犯罪。

由此可见，不适当的规定、制度，包括法律，不是越严格越好，而是合适的才好，不能搞一刀切。

在实际工作当中，很多规则的制定者没有考虑清楚这一点，以为“有奖有罚就行”。例如，通过罚款提高工作质量，想以此淘汰掉工作不努力的员工。这个想法没错，但是由于很多公司在建立考核规则之初，没有对工作进行分析，在岗位设置和工作分工上不合理，导致各岗位工作出现明显的忙闲不均情况。鉴于管理者的眼界和精力十分有限，未能注意到这一点，就匆匆实行此类考核，便会出现“三多”（做多错多扣款多）情形。结果让努力做事的人感受到不公正待遇，愤愤离开，让无事可做的人留下来混日子，这就背离了绩效考核的初衷。

其次，防止走过场。

齐宣王让人吹竽，一定要300人一起吹奏。南郭处士请求给齐宣王吹竽，齐宣王对此感到很高兴，用数百人的粮食来供养他。齐宣王死后，齐湣王继承王位，他喜欢听一个一个地演奏，南郭处士听后便逃走了。

有人把这则寓言解读为“讽刺了像南郭处士一样无德无才、滥竽充数的人。”

在我看来，问题不是出在南郭处士身上，而是出在考核模式上。齐宣王喜欢听300人集体演奏，谁能保证这里面除了南郭处士，就没有其他浑水摸鱼者？这种喜好难免在选人用人环节上出现漏洞：一是在招聘把关上，面试官如果不严格按照招聘标准选拔吹竽手，就会让无真才实学者有机可乘，甚至浑水摸鱼、滋生腐败；二是在绩效奖励上，由于300人吃的“大锅饭”，不仅给偷懒者提供了生存土壤，也会让真正有才干的人出工不出力。

每个人的表现有差异，如果不具体到个人，很容易陷入平均主义。因此，在人员的选、育、用、留各个环节当中，要防止“滥竽充数”现象，就必须进行严格的区分和考评。

再次，区别考评。

杰克·韦尔奇先生在其著作《赢》中极力推崇区别考评法，即激励最优秀的10%的员工，淘汰落后的10%的员工，保留中间80%的员工，他的这套方法在GE（通用电气公司）推行并大获成功，成为很多国际大公司争相效仿的对象。

但是，随着信息化社会的快速发展，涌现出了很多互联网公司巨头，这套区别考评法受到了各方面的挑战，就连GE自己都取消了这套考评方法。有人指出，这种所谓的强制分布比例（即区别考评法）是人为主观划分的，不符合实际情况，按照社会成就与贡献来看，人才并不符合正态分布法则，而是遵循幂律法则——即对组织做出重要贡献的只有极少数人，其他的大多数人都是才能和贡献平平的一般人。

无论是强制分布也好，还是幂律法则也罢，其实所要说明的道理是相通的。考核与评价就是要区分出干得好的与干得不好的，其目的是优胜劣汰，保持组织的“活力曲线”，这个方向没有变。

“八仙过海”背后的困境

为了达到考核规定的名额要求，很多主管绞尽脑汁，终于想到一些办法来充名额。

第一种，为凑名额不惜弄虚作假。主管随时了解属下动向，看看部门里面有没有人想离职的？如果有，不管是否应该留下对方，刚好可以把淘汰的名额安在对方身上，也权当是给团队做贡献吧；如果没有，那就在会上跟属下再三暗示：“现在考核很严厉，觉得干不下去的，或者有更好选择的，可以提前谋出路。”更有甚者，为了凑不合格的名额，有部门负责人将已经过世的员工的名字拉进来凑数。

第二种，雨露均沾、轮流坐“庄”。去年是张三得 A（优秀），今年就是李四得 A；去年是王五得 C（不合格），对不起，今年该赵六得 C 了。“别怪我下手狠，怪只怪这可恶的考核制度和不讲情面的人力资源部，我也是没有办法才出此下策。”

第三种，用“民主”名义假公济私。这一招也很厉害，最常用的台词是：“我一向很民主，你干得怎么样，我说了不算，相信群众的眼睛是雪亮的。”然后召集团队成员一起议，或者干脆采取投票的方式，凭借一种类似集体歧视的方法，将那些与同事关系不睦、领导不喜欢的人排挤出团队。

第四种，不会哭的孩子要吃亏。俗话说，会哭的孩子有奶吃，关键就在于这个“会哭”。你说你干得好不行，你得拿出材料证明你干得好才行，有人把这种方法叫作自我举证。至于有没有“以客户为中心”不知道，但有没有“对上负责”很快就能看出来，员工的去留有时完全取决于领导的一念之间。

第五种，抓阄。实在找不出来谁干得不好，那就抓阄，谁抓到算谁。当然这种做法是玩笑，但怎能排除没有现实的翻版呢？

于是，确定不合格人员名额，成为公司与部门负责人、人力资源部门与其他部门、主管与员工之间一轮又一轮的博弈，其本质上就是为了“过关”——过领导的关，过考核部门的关，过公司硬性规定的关。这并不能体现强制分布法的真正用意，反而与考核目的背道而驰。

为什么要搞强制分布？说到底，即让“能者上、平者让、庸者下”，保持企业的“活力曲线”。这个出发点是好的，但在实施过程中往往会遭遇很多现实困境——知和行的脱节，这就势必造成“上有政策、下有对策”的结果。所以从这一点来看，作为管理者，也怪不得各级主管们，因为他们是在规则内行事。

实际上，无论是谁，涉及对人的评价和区分，无论是态度上还是道德上，无论是能力上还是绩效上，做出明确的区分难度都很大，一旦操作不当，都势必引起无休止的争议。

这种强制区分的矛盾心理集中体现在各级主管身上，首先他们会遭遇立场上的困境，既不能损害公司的集体利益，又要维护好自身部门的局部利益，还要兼顾到员工的个人利益，各方面都想照顾到，但又非常困难；其次他们会遇到情感上的困扰，他们需要属下平时用心工作，免不了多加关怀，但是在关键时刻却又不得不“忍痛割爱”，很难下得了这个决心；最后他们会面临缺乏工具上的困境，简单来说，主管对员工的考核，缺乏令人信服的绩效衡量标准，缺乏客观有力的证据呈现，只能以态度差或办事不力为由加以贬斥、扣分直至评为不合格。

于是，我们看到很多企业出现这样一种怪象：为了凑考评名额，大家都在想尽办法钻规则的缝隙。

强制区分的存废之争

考核要不要强制区分，其实一直存在两种声音。

一种是要强制区分。这一点在企业管理层当中表现明显，他们往往担心“吃大锅饭”的问题——如果考核没有区分，如何知道哪个干得好哪个干得差？这对于干得好的、能力强的员工明显是一种负激励，对于能力差的则大可以滥竽充数、高枕无忧地混日子。作为主管，如果都想做好人，那谁来做恶人？

考评没有强制区分就等于走形式，相当于卸下了主管头上的紧箍咒，让其对下属放松监管甚至随心所欲，导致组织机构臃肿、绩效不彰。

他们认为：或许这种强制分布方法不甚合理，但谁又能找到十全十美的考核方法？况且，这个世界上原本就没有绝对的公平，更不可能存在一套完美的考评方法。如果存在个别不公平现象，那也是事出有因，要么是个人服从集体利益，要么个人不适应，请另谋出路。

管理层有管理层的难处，我们再回归到强制分布法本身。如前文所述，按照杰克·韦尔奇在GE推行的理念，就是保持企业的“活力曲线”。其实，这里面隐藏着两个假设。

一个假设是正态分布，也就是干得非常好的和非常差的比例都极少，位于正态分布曲线的两边，干得一般的占绝大多数，位于正态分布曲线的中间区域。

另一个假设是通过制造内部区别实现内外部流动。组织就像一个肌体，它想获得成长，就需要新陈代谢——将一些无用或者老化的物质代谢出去，将一些优质的能量补充进来。但是通过人为制造差别来实现这一目标未必能达到预期，很多时候甚至是“拔苗助长”，员工绩效不彰除了自身的原因，也有可能是用人不当造成。如果一家企业的氛围积极向上、工作节奏紧张，不适应这种环境和工作节奏的人自然会流失，不需要过多的人为考核去干涉。

另一种是不强制区分，其理由是：强制区分成了政治博弈的工具。比如用作淘汰人员的撒手锏，会令企业员工人人自危，反而加深了员工之间的隔阂，导致团队不和谐，发生“各人自扫门前雪”的现象，所以要废除强制区分这种做法。

既然不强制区分，其替代品之一是“企业文化”，即在内部倡导一种积极向上、和和气气的团队氛围。总结起来，就是一起工作、一起合作、一起创收、一起实现小康。

不区分的替代品之二是“机制创新”，比如通过内部创业、员工持股计划、长期激励等方面的一系列改革，达到一种“谁贡献多，谁获益大”的理想状态。

怎样区分才合理？

强制分布也称为“硬性分配法”“高斯分布”，该方法是根据正态分布原理，即俗称的“中间大、两头小”的分布规律。

在相同条件下随机的对某一测试对象进行多次测试时，测得数值在一定范围内波动，其中接近平均值的数值占多数，大于和小于平均值的频率近乎一样，远离平均值的占少数。这种分布规律称为正态分布，用曲线表示出来就称为正态分布曲线，呈现出左右对称的特点。在考核上，预先确定评价等级以及各等级在总数中所占的百分比，然后按照被考核者绩效的优劣程度将其列入其中某一等级，即为强制分布考核。

但是，这个世界有很多地方不符合这种分布情况，比如某个事件的热度，可能会迅速上升，然后缓慢降低热度。

彼得・德鲁克在《管理：使命、责任、实务》一书中指出：社会现象不服从自然界中的“正态分布”，社会现象的正态分布，几乎总是按指数方式分布的，即典型的曲线是双曲线形式。

早在 19 世纪，帕累托在研究财富分布时，就发现了财富分布遵循幂律分布，其特点是少数人垄断了大部分财富，即我们经常所说的二八定律，这就涉及接下来要说的幂律分布。

幂律分布，即个体的规模和其名次之间存在着幂次方的反比关系。类似如马太效应、长尾理论、帕累托法则，原理差不多，其应用场景除了“长尾理论”之外也大同小异。

近些年，以美国欧内斯特・奥博伊尔（Ernest O'Boyle）和赫尔曼・阿吉斯（Herman Aguinis）为首的研究团队进行了许多研究，两位学者采用客观绩效进行分析，他们分析了包括 63 万样本的数据库，职业涵盖研究者，音乐家，政治家，运动员等多个职业，结果发现：当用客观绩效时，绩效呈现出大部分人低绩效，少部分人高绩效的特征，符合幂律分布。而传统绩效考核结果中的正态分布其实是由于主管主观打分造成的假象，为了避免造成绩效评估过于宽松或者过于严格，主管往往都会平均化地打分，人为制造了绩效的平均化。

李开复在一次专题演讲中认为，创业人才也符合幂律分布，他说：“人才其实也是非常符合 Power Law（幂法则）。我们在学校里面老师还是把我们分成了 A、B、C、D、E、F，100 分、90 分、50 分，但是我们如果真的接触过最顶尖的人才，就像你们在座的每一位，最棒的创业者，或者你们公司最棒的工程师，或者你们公司最棒的产品经理，或者是业界最棒的投资人，这些人是绝对符合 Power Law，而不是符合 Normal Distribution（正态分布）。也就是说，最棒的工程师的价值是左边这个无限大，一个普通工程师无法跟他相比，有时候我们会因为一些传统的东西看不清楚这个现实。我在十年前就说过，一个顶尖的工人跟普通工人不会差那么多，但是一个工程师差别是非常巨大的。”

近些年，越来越多的大公司（如通用、微软）开始放弃以人才正态分布为假设的绩效考评系统。

企业的知识工作者越多，其人才越遵循幂律分布法则，一两个超级明星员工所创造的价值超过一百个以上普通员工所创造的价值。

其实，无论是强制分布也好，还是幂律分布也罢，脱离企业业务性质和人才构成现状，进行简单生硬的套用，都会犯本本主义的错误。有的可能符合强制分布，有的可能符合幂律分布，有的可能二者都沾一点边，但并不完全符合，因为这里有一个前提条件——存在统一的、客观的绩效衡量标准。

绩效考评一定要区分，但应该按照一定的逻辑区分，而且要根据企业的战略、业务和人才的变化，进行动态化的调整，而不是笼统的一刀切或者生搬硬套某种方法。

这就需要 HR 非常清楚自身企业的业务和组织形态，非常清楚企业的人才结构和市场稀缺的岗位，一个优秀的 HR，不仅要看一个笼统的比例（优秀的或者不合格的），还要仔细地拨开里面看具体的结构。比如整体绩效不合格的人员先设想占 5%，然后拨开去看研发、销售、专业、辅助等不同类型的岗位人员，是不是符合先前的预判，有些岗位的人员可能会大于 5%，有些稀缺性的岗位人员可能一个都不能有。

总之，具体问题具体分析，而不是什么都要走“套路”，结果把自己绕进去，那就是得不偿失、不知变通了。

绩效考核结果如何与薪酬挂钩

企业是营利性组织，如果缺乏利益驱动，员工就很难有冲劲，光靠梦想只能窒息，只强调团队精神只会哑火。

因为每个人的工作表现有差异，如果不把绩效考核和奖惩挂钩到个人，就很容易陷入平均主义，让滥竽充数的人有机可乘，这是一种开历史倒车的行为，所以绩效考核结果还是要与奖惩（而非单纯的薪酬）挂钩。但怎么挂，这是个值得研究的问题。

违背初衷：把手段当成目的

在英国统治印度的时期，当时的印度 Delhi 地区毒蛇众多，英国政府为此非常担心，所以发布悬赏，杀死毒蛇者获得奖励。在开始的时候，这是一个很有效的策略。大量毒蛇被居民猎杀。但随着时间的推移，很多人开始豢养毒蛇，杀死后换取奖励。当政府了解到这种情况时，猎杀毒蛇的奖赏被取消了。原来豢养的毒蛇被大量放生，当地毒蛇的数量比发布悬赏前反而更多了。

这是一个“好心办坏事”的典型。它给了我们什么启示呢？

英国政府期待通过奖励，发动民众捕蛇，减少毒蛇，这样既让老百姓感到安全，还能让捕蛇者获得奖励，政府也有了政绩，可谓多赢，但结果却违背了初衷，除了让极少数人获得短暂的利益，几乎所有人都输了——因为政府取消了奖励，没有人能够通过捕蛇获得奖励，而放生后的毒蛇造成了更大的危害。

英国政府依据“奖励能解决问题”的固有认知，根本没有搞清楚奖励适不适用、条件充不充分的问题。

奖励确实能调动一部分人的积极行为，但也容易让一些人把奖励当作目的，让人产生奖励依赖症——不奖励就不干活或者应付差事。人不会像机器和程序那样，一切都按照设计者的预想运行，他一定会动脑子研究——怎样才能多快好省地让个人利益最大化?

你想通过奖励手段达到理想行为，创造更好的业绩，但很多员工却是为了获得奖励而工作，这就容易造成错位。

单项考核指标与薪资挂钩的弊端

一家专门制造假牙的企业，生产主管的绩效考核有一项指标叫生产计划达成率。生产计划达成率 = 当月实际生产的数量 / 当月计划生产的数量。

比如，8月份计划生产5 000颗假牙，当月全部完成，达成率是100%，9月计划生产10 000颗假牙，实际只完成了8 000颗，达成率只有80%。

根据现行的考核方式，这位生产主管8月份的绩效考核工资可以拿满，而9月份绩效考核工资却被相应扣减，换句话说，9月份比8月份多做了3 000颗假牙，可收入不增反降，多劳不能多得。

这就造成了再次接到增加的生产订单消极应付，管理层跟老板讨价还价，老板希望目标越高越好，生产主管希望目标越低越好。

这个案例很典型，不能单纯地认为“多劳多得”，表面上看生产产量上来了，但这里面究竟有多少人的能动因素？换句话说，我们也要考虑“产能”问题，如果配备了充分的资源，还远未达到设计的最大产能，那这个达成率是偏低的。反之，如果在其他条件没有变化的情况下，主要是人的主观能动性和加班加点带来的产量提升，理应得到奖励。也就是说，生产主管工作量大的时候应该设定更大的蛋糕，然后再跟“完成率、质量合格率”挂钩，就比较合理了。如果蛋糕大小不调整，只单纯考核完成率，生产主管自然希望目标越低越好，就起不到实际激励作用了。

把一两项工作表现与员工薪资挂钩，容易造成考核偏离：员工只需要努力完成一两项指标即可，绝不会关心整体目标是否达成，甚至导致“有量无质”的后果。因此，绩效奖金除了要与数量挂钩，更要与质量挂钩。

在产品供不应求的时代，很多企业为了提高产出，鼓励工人多干活多拿钱，实行计件工资制，即用额定工时或按照标准工单额定，然后明码标价。这种把收入和产出直接挂钩的方式很直观，确实激发了工人干活的积极性，一时间，“干多少、拿多少，干得好、拿得多”自然起到了积极的激励作用，但后来发现，这样做也逐渐显现出了一些弊端。

有的产品在生产时没有检验出质量问题，但经过用户使用一段时间后才发现质量问题，这与一味追求产出数量、忽视质量的导向有关。让员工没有用心对待工作，给产品质量埋下隐患，损害了企业的品牌和声誉。

这时候，光有量的考核与挂钩不行，还要与质量挂钩。一些行业的供应商要预留一部分“质量风险保证金”，还有一些特殊行业实施的“责任终身制”都是这个道理。

过于精确的计算会带来反作用

一家生产自行车配件的企业找到我们，想请我们给他们做薪酬福利咨询，重点帮助他们建立一整套完整的薪酬体系。我们管理咨询团队对这家公司进行了深入调研，在走访过程中，我们发觉，有很多员工对薪资发放不满意，往往为了工资小数点后面的几毛钱、几分钱，与工资发放部门争执不休。

于是，我们要来该公司相关薪资文件及某月的薪资发放表，终于发现了一些问题：他们的工资职级规划得很细，每月有关每个员工薪资的计发表格不下 10 张，包括但不限于岗位工资定级表、月度部门业绩统计表，KPI 分数统计表、考核结果系数分配表、绩效奖励分配表、计件工时统计表、月度工资核发表……每张表涉及多个计算公式，计发工资的小数点后面精确到四位数，看到这样一套复杂精确的工资计算系统，薪酬咨询顾问都有些傻眼了，更别说一般人能懂了。

对于一家只有 200 多人的企业来说，一个小小的薪酬系统都做得如此复杂，实在让人意想不到。我们意识到，他们的问题不是如何建立一套更加完整的薪酬体系（他们的薪酬体系已经足够完整、精确和细致），而是适当地“减负”。

可惜的是，我们提出的意见没有被采纳，作为管理咨询顾问也不愿意做出妥协，这个咨询项目也就无疾而终了。

企业怎么计算员工，员工就会怎么跟企业计算。从上述这家公司我们可以发现，他们的员工斤斤计较，能多赚一点尽量多赚一点，根本不会为团队考虑，也从没有长远打算，这是有原因的。说到底，导致出现这些情况还是公司管理层造成的：有什么样的管理理念，就会出现什么样的管理行为！

处处挂钩太教条

有一天外出，下着大雨，我看到一辆洒水车在浇路边的绿化带，并且非常认真。我问师傅：这么大的雨还需要浇水吗？他说：上边规定，每天两次，不浇水不给发工资。

如果管理者只是规定了具体任务，甚至还把个人工资关联起来，不关心取得的结果，只会导致人力、物力的浪费，这就是人们常说的形式主义。

今天，一些新兴的商业机构和创新组织层出不穷。这些组织面对多变的市场和不确性的未来，团队成员既要抱团作战，也要随时进行角色转换，过去那种工作细分和固定不变的场景已经变得十分少见。

那么，作为团队的一分子，个人在团队中的贡献有时候很难被完全量化，那么就很难将每一项工作都与个人薪资挂钩，而且这样做势必会把员工的注意力转移到对眼前一亩三分地的得失上，失去了对工作本身的专注度。

很难想象，如果把一场球赛的进球、失球、射门次数、红黄牌数直接跟每个球员的收入挂钩，那就无法想象这场球还怎么踢。倘若一个人每次的比赛行为和动作都直接关系到个人收入，他的比赛就没法踢下去，因为他要时刻关注自己的动作是否“经济”，根本没有心思和精力融入比赛本身当中去。但是，一场比赛的输赢一定要与奖金挂钩，这样才能促使球员全力争胜。

把短期业绩挂钩转变为长期评价

在知识经济时代，有些产出成果不是那么直观，也很难一时半刻衡量出来。

新东方作为中国第一家在纽交所挂牌交易的教育培训机构，在 2014 年、2015 年业绩连续溃败，股价也从 25 美元跌至 9 美元。但从 2016 年开始，新东方的经营业绩大幅改善，全年实现营收 100 亿人民币。是什么带来这样的逆转呢？

俞敏洪在接受央视采访时说：过去不顾一切地追求高收入和高利润，但是却忽略了教学质量、讲师培训和产品设计等需要较长时间才能产出业绩的工作，因此失去了顾客的信赖。去年我所做的事情就是把所有校长关于收入和利润的考核指标统统取消，转为主要考核教学质量、讲师水准和顾客满意度。

阿米巴经营成果不与短期激励挂钩，谷歌OKRs进行季度打分，但分值不与奖金与升职挂钩；欧美汽车业巨头在中国的合资企业，生产工人不实施计件工资制，销售人员也不实施业绩提成制；华为的销售人员没有提成，只有半年度或年度奖金包，这些公司的做法，都是成功的尝试。

众多企业实例表明，考核是评价而非经济衡量，有些东西是要经过很长一段时间才能体现出来。一些指标统计数据只是反映了一种行为，不能反映出整个系统，这就是为什么不能轻易将员工考核与薪资直接挂钩的原因。

尤其是一些民生、公益事业，不能轻易将考核结果、业绩与个人收入挂钩。

因为这样做，其可能带来的负面影响不可低估！

第三节 跨越鸿沟——绩效沟通关键点

绩效沟通的技巧

针对工作表现，管理者应该向员工及时反馈，让员工知道自己哪里做得好，哪里还存在问题，以便做出改进，这正是绩效沟通的意义所在。

只不过，许多管理者对绩效沟通认识不足或者技巧匮乏，还有一部分可能是由于文化因素，甚至不愿意花费时间和精力，向员工反馈他的工作表现。他觉得这样做管理成本太高，于是就放弃了反馈。或者在企业高管和人力资源部门“压迫”下，才不得不抱着应付的心态，做这件本该平时就要做的事情，结果使绩效沟通流于形式，根本没有起到应有的作用。

在实际绩效沟通实践中，有一个很有代表性的案例。

经理：小王，有时间吗？

小王：什么事情，经理？

经理：想和你谈谈你年终绩效的事情。

小王：现在？要多长时间？

经理：嗯……就一小会儿，我9点还有个重要的会议。哎，你也知道，年终大家都很忙，我也不想浪费你的时间。可是HR部门总给我们添麻烦，总对我们诸多要求。

小王：好吧。

经理：那我们现在就开始，我一贯强调效率。

于是小王就在经理放满文件的办公桌的对面，不知所措地坐下来。

经理：小王，今年你的业绩总的来说还过得去，但和其他同事比起来还差了许多。你是我的老部下了，我还是很了解你的，所以我给你的综合评价是一般，怎么样？

小王：经理，今年的很多事情你都知道的，我认为我自己还是做得不错啊！年初安排到我手里的任务我都完成了呀，另外我还帮助其他同事做了很多工作。

经理：年初是年初，你也知道公司现在的发展速度，在半年前部门就接到新的市场任务，我也对大家做了宣布的，结果到了年底，我们的新任务还差一大截没完成，我的压力也很重啊！

小王：可是你也并没有因此调整我们的目标啊！

这时候，秘书直接走进来说，“经理，大家都在会议室里等你呢！”

经理：好了好了，小王，写目标计划什么的都是HR部门要求的，他们哪里懂公司的业务！现在我们都是计划赶不上变化，他们只是要求你的表格填得完整、好看，而且他们还对每个部门分派了指标。其实大家都不容易，再说了，你的工资也不低。你看小李，他的工资比你低，工作却比你做得好，所以我想你心里应该平衡了吧。明年你要是做得好，我相信我会让你满意的。好了，我现在很忙，下次我们再聊。

小王：可是经理，去年年底考核的时候……

经理没有理会小王，匆匆地和秘书离开了自己的办公室。

窥一斑而见全豹，针对这个案例，有几种不同的观点。

一种观点认为：绩效沟通应该贯穿于整个绩效管理过程当中，不要等到绩效考核时才进行面谈，这时候的面谈无疑是“秋后算账”，既让人意外，又让人不爽。

另一种观点认为：绩效面谈的核心在于掌握沟通技巧。比如应该布置好面谈场景，调节好气氛，对谈话的开头、中间和结尾部分进行精心设计。既要照顾到对方的感受，又要让对方认识到自身的不足，还要给对方以鼓励和希望，从而达到改善绩效的目的。

还有一种观点认为：绩效面谈不应该只是HR部门的事，而是所有部门和所有领导的事，所以都必须掌握绩效面谈中的技巧，否则就会导致整个绩效管理的失败。

以上几种观点都很有道理，但实际上还会有一些难解之惑，道理都明白，但实际执行时却剑走偏锋，这是为什么呢？因为这些技巧多半是一些形式，或者说是事先预设好的，实际情形远比这复杂得多。

因为领导做绩效沟通，面对的不是抽象的人，而是一个个具体的人。

或许坐在对面的是个“老油条”，有一定能力但不愿意承担责任，他对你的了解甚至比你对他的了解还要深。这时候，你按照绩效面谈中的所谓“汉堡包”原则跟他谈话，你刚开始表扬他一句，他便已经嗅出了你“不怀好意”的味道，这时候不妨坦率一些，单刀直入更有效。

所以对待不同的人，根据不同的情形，使用不同的谈话方式。

绩效沟通中的难点问题

第一，绩效沟通的接受度。

作为管理者，与下属进行绩效沟通时，需要克服自我情感因素。不仅要撇开平时的喜好与偏见，更要做到客观公正。

这个问题看似很简单，但其实很复杂。首先，客观公正怎么理解和做到。其次，要克服管理者自身的人性弱点，尤其当管理者与下属建立了工作情感时，更是如此。

中国是熟人社会，包括上下级同事之间，都是熟人，熟人有话自然好说，可一旦对方绩效差的时候，就难以启齿。“诸葛亮挥泪斩马谡”，说起来轻巧，可如果自己不亲身经历，就不能领会其中之痛。

第二，同理心和说服力。

绩效沟通为什么往往执行不下去？站在同理心的角度，HR 要继续深入思考：如果是我，在绩效沟通时会遇到哪些困难，我需要什么样的支持？首先要自己做到，否则缺乏说服力。虽然有医不自治的说法，但是很难想象，一脸雀斑的人向别人推荐祛斑护肤品，从来没有住过五星酒店的人声称要开五星级酒店。

很多人不是不明白道理，但就是改变不了自己的认知习惯。做 HR，必须不断修炼自己、提升自己，帮助管理者建立一套绩效沟通话语体系。

第三，缺乏数据和事实支撑。

管理者由于缺乏可靠的数据，很多时候就没有办法进行反馈，企业既没有建立起数据库，又没有掌握和应用这些数据，这才是引起考核恐慌的根源。

这些数据怎么来？最主要还是依靠基础流程和信息化建设。流程或者技术手段不足，将会带来诸多问题，那么考核就会如在一个黑箱中进行，那么所谓的评估也就只能依靠感觉和盲人摸象了。

通过建立数据，让考核者和被考核者都掌握这些信息，或许这样的考核就简单多了。

第四，平时不沟通，临时面谈勉为其难。

想通过一两次绩效面谈让对方在行为和绩效上实现明显的提升，只能是一厢情愿，除非面谈对象本身素质和悟性高。

绩效沟通应该是很平常的事，甚至在做这件工作时，也不要冠上“绩效面谈”“绩效沟通”的名字。不要在与员工面谈时让他感到“意外”，意外就意味着平时缺乏沟通，缺乏记录。

平时记录，包括平时的工作表现、关键事件，要即时反馈，告诉对方工作哪里做得好，哪里做得不好，哪里能够提升，哪里需要改正等等。作为负责任的管理者，都应该说清楚，花时间、耐心跟下属沟通，而不是等到最后才想起这档事。这时的“绩效面谈”可就真是秋后算账了，怎么可能让员工服气呢?

平时做得好与不好，让员工自己都明白，当一切都能摆在桌面上来谈的时候，就变得简单多了。

第七章　形成机制：配套制度和平台

一家好企业最有价值的地方，就是它本身形成了一个系统。系统不是一个点，也不是一个面，而是一个个体。换句话说，这个系统单独拆分出来不值钱，但组合到一起就非常值钱，这就是我们常说的 1+1 ＞ 2。

最典型的案例就是中国高铁。通过集中采购优势，交换来了转让的技术，最后青出于蓝而胜于蓝，发挥了系统集成优势（包括技术集成、人力资源集成、产业链集成），这是其他国家所无法比拟的。

为什么系统构成了平台呢？因为里面有一项最关键的力量叫协同力，也叫组合能力。

人，游不过鲨鱼，跑不过猎豹，爬不过猴子，跳不过跳蚤……比不过自然界的“单项冠军”，但人的组合能力最优，适应能力很强，大脑最为聪明，所以最后成功“统治”地球。

优秀企业往往靠的是一套机制和系统，一方面能够吸引人才将平台越做越大，另一方面又能同时保证造就一批又一批人才。

第一节 如何定规矩、设计制度

“与父老约，法三章耳：杀人者死，伤人及盗抵罪。”

——汉·司马迁《史记·高祖本纪》

无论三教九流，没有规矩，都不成其组织。

第一，没有无限制的自由。

“人生而自由，但无往不在枷锁之中。”很多人常常打着自由和人性化的旗号，处处做着破坏制度和游戏规则的事，他们所理解的“人性化”就是随心所欲，以为“以人为本”就是以个人需要为本。

人有自觉性不假，但是如果没有约束力，仅仅靠自觉往往难以持久，尤其对于爱钻空子、耍小聪明的某些人来说，更是如此，没有约束的自由，往往滋生出懒惰和贪欲。

第二，没有规矩不成方圆。

规矩并不是限制，而是因势利导，使混乱无序变得秩序井然。生命周而复始，万物生生不息，构成了自然界的生态系统，而这个生态系统的背后，就是有一套我们看不见的自然规律，也就是我们常说的规矩，只有遵循它、顺应它，才会得到馈赠。反之，谁违反它、破坏它，谁就将受到惩罚。

同自然界一样，无论什么样的企业和组织，其健康发展和有序运行，很大程度上要依靠一套“规矩”。关键就看这套规矩是否适合这个组织，是否得到了有效的贯彻和维护。

制定制度过程中存在的问题

如何设计制度很重要，要经过深入调研和充分讨论后才好执行。

尤其是一些既关系到企业绩效又关系到员工利益的制度，比如奖惩、考核、考勤等，制定这样的制度一定要慎之又慎。

可现实中，很多企业对“立法”工作并不重视，认为制度缺失靠人来补，奉行的是“人治”思维。企业小的时候还好，一旦规模扩大、人数增加，其制度执行效果也就可想而知了。

以下几种情形就是比较普遍的现象。

匆匆成文，朝令夕改

有些管理者，由于平时忙于业务，很少关注内部管理，偶尔看到有迟到现象，就赶紧向 HR 下指令：修订考勤制度，加大罚款力度。看到月度工资支出增多，就忍不住大声斥责 HR：赶紧修改考核办法，该扣钱的一定要扣，我要马上看到方案。

一些 HR 顶不住管理者的压力，就急匆匆地去修改相关制度。可是等到修改完成后，带头破坏的往往又是管理者，因为他禁不住其他部门的说辞，就不再坚持修改后的制度。一通折腾，往往在员工心目中造成了“朝令夕改”“规则制度不如领导一句话”的印象，公司所发布的规章也就彻底失去了威信。

实际上，企业 80% 以上的工作靠制度和流程来解决，剩下的才要靠管理者决策，而不是本末倒置。制度躺在那里睡大觉，人却忙活得团团转，这样的企业一定有问题!

管理者如果意识不到这一点，那这家企业将永无宁日，我劝HR还是趁早走人为好。

要么一切照搬，要么闭门造车

信息爆炸的时代，想获取优秀企业的管理制度体系并不是什么难事。也正因为如此，有的人患上了“制度缺失综合征”。认为别家的制度体系很健全，别家有的我们也应当有，否则拿什么跟别人竞争？想法是好的，却不去研究别人制度背后的逻辑，只是简单“拷贝”过来，学一点皮毛功夫，心里觉得：有至少总比没有强！于是，我们看到有一种企业：今天学这个制度，明天搞那套体系，后天……看上去很爱学习的样子，其实一样都没有深入，最终没有形成自己的东西，也就谈不上有什么竞争力了。

与之相反的是，还有一种人，自作聪明，以为自己的水平高，写上几条就能当作制度执行了；却从不看看周边，不想着借鉴先进经验，自己在那里闭门造车，以为自己的“发现”属于这个世界上“前所未有的创新”，其实别人早在好多年前就采用过了，这不过是在“重复制造轮子”而已。

设计制度一定要有前瞻性的思维和借鉴标杆的眼光，取长补短，为我所用。

奇葩规定多，写法不“讲究”

某工厂有一条规定，员工一个月上厕所的时间总计不能超过400分钟，一旦超过这个基数，就要被罚款。导致这家工厂的员工，喝水成了最害怕的一件事。

这个规定看上去不可谓不细致，能把员工一个月上厕所的时间具体精确到分钟。但你能说这个规定不错吗？先不说是否人性化，就是从合法性的角度讲，这个制度也是缺少法律常识的体现，真的成了不打自招的呈堂证供了。

奇葩规定有很多，不一一列举。

更多的情况是很多人写制度的出发点是好的，但在写法上不讲究，缺乏严谨性。例如“每个员工都应努力工作，做出绩效，否则公司就死掉了”。

这很口语化，且经不起推敲；有的为了赶时髦，在制度中出现“不允许在上班时间晒幸福”这样的网络用语，看上去既像宣传文案，又有点不伦不类。

写制度不是搞宣传、做营销，讲的是严谨和准确，能否经得住推敲，能否容易理解又便于执行，这才是首先要考虑的。

用这七步，制定容易执行的制度

制度执行难，其源头就在于一开始没有设计规划好，等到具体执行出现问题的时候才想到如何弥补。

一个好的制度，必须提前策划，认真考虑可执行的问题，它要有相当的预见性。这一点，可以借鉴日本企业的做法，他们在设计一个制度或者制定一个方案时，往往都包含了后续的执行计划和具体步骤。一旦确定，雷打不动！

另外，为了增强制度的可执行性，同时能让效果最大化，制定制度可参照以下步骤进行。

第一步，明确目的。制定制度总是要解决问题的，如果问题没有搞清楚、弄明白，就动手制定制度，十有八九是吃力不讨好。所以，要知道解决什么问题，弄明白制定制度的一方（比如管理者）的真实意图，想达到的目的和效果。通过充分的沟通和调研，把这些弄明白。

第二步，设计框架。首先，这个制度是怎样的设计思路？框架如何？有哪些模块？谁主要负责？这些问题都要搞清楚。其次，要明确这个制度设计由谁组织安排，谁收集材料，谁具体动笔起草，谁来审校补充，分工要明确。总之要拿出一个蓝本，才有参考依据。

第三步，征求意见。初稿出来后，可以根据不同制度进行局部或广泛征求意见。“言者无罪，闻者足戒”，尤其要多听取不同的意见，对有价值、有道理的意见，要进行归纳整理。一定要把握住一点：对收集的意见，既不能全盘接受，也不能完全置之不理，要认真分析和区别对待，最终采不采纳还是看有没有偏离设计这个制度的初衷。

第四步，讨论修改。讨论和修改不仅是为了完善制度条款，最重要的是让制度的相关方参与进来。参与非常重要，它有两大好处：一是集思广益，让不同观点进行碰撞，吸收更合理的成分；二是增加参与者的认同感，研究表明，人对自己参与过的决策一般都比较赞同，至少不会太反对。

第五步，测试执行。你的制度“制造、组装”完毕，还有一项重要工作就是“测试”。你做的流程要跑一遍，需要填写的表格内容等要亲自动手写一遍，看看是否合理？是否浪费时间？使用体验好不好？最好多找几个人操作一遍，降低理解门槛，这就不需要专门培训了。能达到这一点，基本上就能通过测试了。

第六步，提交审批。将讨论修改后的制度提交给领导审批，并且把制定制度的情况如实汇报。在这个环节上，制度条款有可能会出现一些变更。因为领导看了可能有新的想法，因为他们站的高度不同，想问题的层次不同，确保制度不能偏离方向与核心价值观。平庸的领导和英明的领导，其水平高低往往就体现在这一点上。

第七步，发布试行。可以发布试行一段时间，这样为今后制度的长期执行留有余地，真的有问题待更改升级后再正式推行，这也减少了不少机会成本。

只要严格按照以上的七个步骤制定制度，我想将会容易执行很多。

维护规矩，破除执行障碍

千里之堤，毁于蚁穴。建立规矩要费很大力气，破坏规矩却轻而易举。一些企业的高管在这一点上表现得尤为明显。

某企业副总经理，上班不打卡，请假不走手续，想来就来，想走就走，人事部门也拿他没办法，最后被新任总经理劝退了。理由就是：连考勤管理制度都不遵守的人，还能遵守其他规则吗？既然考勤管理规定没有免除副总经理不走手续、不打卡的义务，就不允许有例外情况发生。

管理得好的公司，往往都是从高管自身做起。据说联想有一条规定：开会谁迟到，谁就站着开。联想创始人柳传志就被罚过 3 次，其中有两次还是因为电梯故障才导致迟到，但他并没有以这个为理由免除罚站。这就叫作以身作则。

没有以身作则，规矩就会形同虚设。

而且规矩不能随便破坏，一破坏就开了一个不好的头，为后面再治理埋下重重隐患，有很多可能会积重难返。

军事家孙膑辅佐的齐国最终被灭就给了我们很好的启示，其中就有一则家喻户晓的的故事。

田忌经常与齐国众公子赛马，设重金赌注。孙膑发现他们的马脚力都差不多，马分为上、中、下三等，于是对田忌说："您只管下大赌注，我能让您取胜。"田忌相信并答应了他，与齐王和各位公子用千金来赌注。比赛即将开始，孙膑说："现在用您的下等马对付他们的上等马，用您的上等马对付他们的中等马，用您的中等马对付他们的下等马。"已经比了三场比赛，田忌一场败而两场胜，最终赢得齐王的千金赌注。

人们津津乐道于田忌赛马，并将这作为经典的博弈论案例。但换一个角度看，田忌赛马却是犯规行为。从单轮博弈来看，田忌听信孙膑的策略，确实赢了，但这属于"一锤子买卖"，以后可能很难再进入这个市场（赛马）。假设参与赛马的各方都如此照做，就会破坏竞赛规则，那赛马这件事就没法继续玩下去了（杀鸡取卵的短期行为）。

试想，如果再经过多轮博弈（多次赛马），田忌再使用这一招可能就不灵了。说到底，输赢最终靠的是实力，而不是一时的计谋。看看秦国为什么能够统一六国？从根本上来说，是商鞅变法，让秦国富国强兵，奠定了统一六国的基础和实力。其他的都属于旁枝末节，无非是让六国多苟延残喘一些日子而已。可以把田忌赛马总结为以战术上的成功掩盖战略上的失败。

所以说，破坏规矩，不仅自食其果，而且破坏了整个市场秩序，导致恶性竞争。我认为田忌赛马不是一种智慧，而是一种投机取巧、破坏规则的行为。

那么，如何避免这种破坏规则的行为呢？

第一，维护规矩，消除"搭便车"现象。

假设猪圈里有一头大猪、一头小猪。猪圈的一头有猪食槽，另一头安装着控制猪食供应的按钮，按一下按钮会有10个单位的猪食进槽，但是谁按按钮就会首先付出2个单位的成本。若大猪先到槽边，大小猪吃到食物的收益比是9：1；同时到槽边，收益比是7：3；小猪先到槽边，收益比是6：4。那么，在两头猪都有智慧的前提下，最终结果是小猪选择等待。

在智猪博弈中，小猪采取等待好于采取行动，其坐享其成的行为，是一种“搭便车”现象。

这种“搭便车”现象在企业里也时有发生：有责任心、有能力的员工加班，却要和那些不干活、少干活的团队员工一起拿相同的加班费。这种行为损害了企业内辛苦、能干的人的利益，严重影响团队中能干者的积极性，造成团队成员都向偷懒者看齐，并最终严重影响团队的整体绩效。

改变这种现象，首先要确立不干活不拿奖励的原则，其次要具体考核到个人，对需要个人独立完成的工作进行分解，确定工作目标和质量要求，设定量化考核标准，让搭便车者无处藏匿；对需要合作完成的工作，分清主角与配角、主办与协办之间的关系，消除考核中的“模糊地带”，让团队合作畅通无阻。

第二，抓典型、掐灭苗头。

制度为何难以执行？往往都是因为“首犯”，有一个人触犯了没有受到处罚，或者有刺头的存在，后面的人就会“有样学样”。所以采取首犯必惩是有效的，如果违反一个制度的人太多，也可以采取主犯必究，从者不问的方法，也是有效的。

例如，某厂区有不准吸烟的规定，发现一次罚款50元。最初一、两个员工没有照做，但管理层没有重视，没有严格执行该项规定。一个月以后，抽烟员工由最初的一、两个，发展到十几个，员工对此事抱着“可有可无”的态度。管理层没有“令行禁止”，反而一再纵容，严重影响公司士气和员工的精神面貌。

第三，赏罚分明，注重效果。

赏罚可以有多种形式，关键在于效果。

新加坡是世界上暴力犯罪发生率最低的国家，其文明程度也非常高，背后的原因可能很多人不知道，这与其一直坚持实施的鞭刑有关。

在这里不去评价鞭刑是否人道，但从实际效果来看，鞭刑充分利用了人性的恐惧，起到了充分的威慑作用。

任何规则的背后，都隐藏着一套理念和价值观，制定和维护规则，管理者的使命任重而道远。

第二节 创建组织沟通平台和管道

牛耕田回来，躺在栏里，疲惫不堪地喘着粗气，狗跑过来看它。“唉，老朋友，我实在太累了。”牛诉着苦，“明儿个我真想歇一天。”狗告别后，在墙角遇到了猫。狗说：“伙计，我刚才去看了牛，这位大哥实在太累了，它说它想歇一天。也难怪，主人给它的活儿太多、太重了。”猫转身对羊说：“牛抱怨主人给它的活儿太多太重，它想歇一天，明天不干活儿了。”羊对鸡说：“牛不想给主人干活儿了，它抱怨它的活儿太多、太重。唉，也不知道别的主人对他的牛是不是好一点儿。”鸡对猪说：“牛不准备给主人干活儿了，它想去别的主人家看看。也真是，主人对牛一点儿也不心疼，让它干那么多又重、又脏的活儿，还用鞭子粗暴地抽打它。”晚饭前，主妇给猪喂食，猪向前一步，说：“主妇，我向你反映一件事。牛的思想最近很有问题，你要好好教育它。它不愿再给主人干活儿了，它嫌主人给它的活儿太重、太多、太脏、太累了。它还说它要离开主人，到别的主人那里去。”得到猪的报告，晚饭桌上，主妇对主人说，“牛想背叛你，它想换一个主人。背叛是不可饶恕的，你准备怎么处置它？”“对待背叛者，杀无赦！”主人咬牙切齿地说道。

可怜，一头勤劳而实在的牛，就这样被传言“杀”死了。

企业很多问题都是沟通不畅导致的，假如主人花一点时间，直接叫来黄牛问一问，还会产生这样的悲剧吗？针对类似问题，其实沟通一下就能解决，松下幸之助说过：“企业管理过去是沟通，现在是沟通，未来还是沟通。”

（资料来源：根据网络资源改写）

一家企业要建立沟通流程平台：流程是管道，解决渠的问题，沟通是水，解决互动问题，二者并行不悖，同时进行。

创建沟通流程，倡导开放式沟通

上下级的沟通流程，重点是上级对下级的沟通。有的领导听汇报，就是听直接下属的汇报，不听间接下属汇报，就一句：“这事别跟我说，找你的直接领导就行了。”这无疑断绝了言路，很多事情暴露出来的时候，就已经变得非常严重，甚至无可挽回了。

另一种领导则刚好相反，他谁的汇报都听，然后直接下指令，这就造成指挥链条上的信息不对称，中层管理失去威信，开展工作十分困难。合适的做法就是领导不仅听直接下属的汇报，也要听间接下属的汇报，但是在听取间接下属汇报工作时，不直接下指令。这样既做到了防止闭目塞听，又不会横加干涉。

部门间的沟通流程。有的公司部门之间有一种U型沟通模式，这就导致部门壁垒更加严重。所谓U型沟通模式，即员工与另一个部门员工协调工作时出现问题无法解决，他就反馈给主管领导，主管领导交代他应该怎样与对方沟通，于是他便继续与相关部门员工沟通，可还是协调不成，另一个部门的员工也按照同样的方式向上级反馈，这就形成了U型沟通模式。这样一来二往，不仅耽误了解决问题的最佳时机，而且在信息传递过程中，事情会发生变异，让问题变得更加复杂。各部门之间的主管领导应该就很多难题直接沟通，并且交换意见，而不是通过下面的员工来协调解决，这样问题就会变得简单许多。

流程节点间的沟通。流程节点之间实现无缝对接，就必须往前多走一步，才能够覆盖住节点之间的接口；同时，上一个流程节点中的人要把下一个流程节点中的人当作客户对待，为客户着想，把重要的问题拎出来，提高识别问题的精准度，提升问题处理的效率与速度。比如合同评审的发起人，不是简单地把合同往下一个流程一扔完事，而是把合同中需要重点关注的问题罗列出来，提请下一流程的人关注并作重点评审，这样不仅能提高处理速度，也会提高团队协作能力，流程也就能很顺畅地走下去。

破除沟通障碍——警惕“邮件文化”

有一家物流企业请我授课，他们培训经理给我的邮箱发来一封“邀请函”。这封“邀请函”上，只有短短的一句话：兹邀请喻德武老师于 × 月 × 日来我公司授课，后面是地址和联系电话。

令我感到很奇怪的不是这封邀请函为什么这么短，而是对方发给我的这封邮件上，我看到她同时抄送了十几个人。这么一点小事情，为什么抄送给这么多人？我感到既惊讶又疑惑，于是就问她是怎么回事，她说她抄送邮件的这些人都是部门同事，她要告知别人她做了这个事情，而且还告诉我，其他同事平时也是这样发邮件的。“不论大事小事，邮件解决。这就是我们企业的邮件文化”，她说。

这哪跟哪啊？你做了工作，生怕别人不知道？

电子邮件是工作中常用的沟通工具，它方便发布消息和保存记录，使用频率比较高，也很受人欢迎。

但电子邮件本身存在互动性差、不够灵活的缺陷，如果使用不当，就会滋生出“邮件文化”，严重影响沟通效率和沟通效果：

其一，失控。表达不清，小事变成大事，简单的事变成烦琐的事，三两句话说清楚的事变成了长篇大论；更严重的是，很多发件人不管什么事，总是习惯性地抄送给许多人，尤其抄送给不相关者，分散他人注意力，造成工作上的干扰；更严重的，在邮件上夸大其词、传播一些不实消息，给正常工作开展造成严重影响。

其二，口水战。因为表达上的问题，导致出现各种扯皮，一来二往耽误很多时间，事情却没有得到及时解决。口水战、键盘侠，把一个小问题无限放大，甚至上升到人身攻击的程度，这样做既耗精力，又伤感情，而且带坏了组织风气。

从收件方来看，电子邮件越收越多，会让人倍感压力。心理学家研究显示，人脑在“信息过载”的情况下，会产生一种“免疫力”——收到的邮件越多，阅读越滞后，阅读的选择性越强，回复越短！这就提高了收件者做出错误决策的概率。

在信息化时代，我们的沟通工具不是太少，而是太多。干扰信息太多，真正有用有价值的信息太少。

《引爆点》一书中有一个例子：“在最近的一项研究中，心理学家们发现，通过电子手段联系的群体和面对面交流的群体在对待不同意见上非常不同。在线交流且持不同意见的人们经常持续争吵。与此同时，面对面交流时，少数派能最大限度地接受积极的意见，也对多数派成员的个人观点和最终的集体决定有最大影响力。”

这说明什么？任何沟通工具，都代替不了面对面的直接沟通。因为面对面的沟通往往伴随着表情、声音和肢体动作，很容易让人与人之间建立情感纽带，进行能量交换，更容易消除隔阂，这是任何冷冰冰的文字和数字都难以取代的。

所以，工作上的事情，选择沟通形式很重要。能当面说清楚的绝不发邮件，能打电话说的也绝不发邮件。按照沟通效果排序应该是：第一，面对面沟通；第二，电话；第三，微信；第四，邮件。

修建信息流通管道，建立通用组织语言

你有了好车，却在一条破烂不堪的道路上行驶，能提高速度吗？显然不能。信息系统就是这样一条高速公路，能让你的企业驶上快车道。

常言道，企业有三流：物流、资金流、信息流。当然有人说，还有人流！没错，但不在这里讨论人流问题。构建技术平台就是解决信息流的问题，让信息能够充分共享，真正流动起来。移动互联的革命，本质上就是信息的革命。我们很多人，其实在内心里是很想去沟通的，但是工作太忙，根本没有时间，无暇去沟通，结果就会导致沟通问题越积越多，最后导致产生“部门墙”，这是非人为原因造成的。而根本原因，就在于信息的不对称，什么是信息不对称，简单来说，就是你知道的，他不知道，他知道的，你不知道。但利用软件信息系统，能够解决这些问题，尤其是共享信息。

几年前，我曾经给一家进口葡萄酒企业做咨询。他们以前经常出现断货现象，因为他们供应链周期很长，从接到订单，然后进行采购、运输、报关、进出保税区等各个环节需要很长时间，而销售又有淡旺季，库存状况常常变化很大，销售人员常常因为缺乏查询库存的习惯而下订单，往往不能如期交付客户，导致客户不满。因为这个事情，内部也做了各种总结和协调，但最后解决的效果都不好。

最后还是根据我们的建议，上了一套 ERP（Enterprise Resource Planning，简称 ERP，即集成化管理信息系统）系统，一举解决了这个问题，这是构建信息系统的典型案例。还有建立 OA、内部分享平台等方面的相关案例有很多，在这里不再一一举例。总之一句话，要善于利用软件信息系统，使信息共享和对称起来。

多使用“数字语言”

某企业规定：各部门提交的工作周报，必须有预期结果、具体行动计划和措施，还要有责任人和完成时间，不能有废话、空话、套话，否则视为不合格，将会被扣考核分。这家企业之所以有如此规定，缘于一次工作汇报。

当时，销售部门经理汇报工作，老板询问：这个月的销售额目标是多少？销售部门经理回答：“大概300万吧”。老板一听非常恼火，直接放出狠话：“你是个合格的销售吗？以后谁也不许在回答问题时说‘大概、也许、差不多’这样的词，我再听到这样的话，直接给我卷铺盖走人！”

在这里不去评价老板说的话是否适当，但是出现这种情况的确非常普遍。我们布置任务或者汇报工作时，绝对不能含混不清，尤其涉及数字方面，不能有一点马虎。在一些报告和文件里，会经常发现诸如“加强、加快、大概、最大限度”这样模糊的副词。不是说不能使用副词，但副词过多，只能是说了相当于没说，属于正确的废话。

企业基本经营，就是靠“数字”，数字最直观，也最具有说服力。“资产负债、营业收入、利润、现金流”等都是用数字体现的，就是日常的工作，也需要量化、指标化，出勤率、完成率、通过率、差错率、完成时间等都可以用来衡量工作。在处处都讲“大数据、云计算”的今天，通过信息化手段完全可以把很多工作数量化，并且提升工作效率，降低人工成本，这就是技术进步带来的好处，它是推动管理变革的关键因素。

退一步来说，即便有的工作不能衡量也要定性化、具体化，也能够用具体的事件和细节来描述，否则就缺乏说服力。

创建“第三频道”

组织内部为什么难以沟通，是因为对话往往不在一个频道上。既然不在一个频道上，我们不妨创建一个“第三频道”，第三频道就是企业内部标准化语言系统。

第一，企业里的“行话”。体系用语、专业术语，这就是“行话”。比如，

“输入”和“输出”是什么意思？从计算机的角度理解，也许就是“输入”内容，“输出”文档。但是从质量管理体系上说，“输入”是质量管理体系过程的开始，“输出”是质量管理体系过程的结果；一个过程的输入通常是其他过程的输出。

再比如“过程控制”这个词，按照字面的理解就是对过程做好控制，如果从绩效管理的角度来说，就是绩效沟通、绩效反馈；从质量管理角度理解，就是输出要满足输入的要求。

第二，建立“管理语言”。每个企业的文化不同，管理语言有差异，在价值导向上要特别注意。事实上，许多组织冲突都是由于对价值观的理解不同造成的，如果没有对价值观进行权威解读和解释，常常会引起误读。

例如“敬业”，不同的人对这个词的理解会有很大偏差。是不是 8 小时以内把要做的事做完就叫敬业？对于有的企业来说，也许这远远不够，因为很多岗位工作不是事先设计好的，存在很多变数和不确定性，所以这就需要投入更多的精力和时间来做工作，并且随时随地地关心工作。所以，一个简单的概念，要进行认真准确的释义，否则会出现理解不一致的情形。

通过以上几点，不断强化认知，在沟通方式上不断创新，把“组织语言”发扬光大，一定可以取得事半功倍的效果。

1	CEO	Chief Executive Officer	首席执行官
2	CHO	Chief Human Officer	首席人才官
3	CTO	Chief Technology Officer	首席技术官
4	HRD	Human Resource Director	人力资源总监
5	HRM	Human Resource Manager	人力资源经理
6	COE	Center of Expert	人力资源领域专家
7	HRBP	HR Business Partner	人力资源业务伙伴
8	JD	Job Description	工作说明
9	JAS	Job Analysis Schedule	工作分析计划表
10	SP	Strategic Planning	战略规划
11	HRP	Human Resource Planning	人力资源计划
12	MPDQ	Management Position Decscription Questionnaire	职位分析问卷调查
13	HRIS	Human Resource Information System	人力资源信息系统
14	KPI	Key Performance Indicator	关键绩效指标
15	BSC	Balanced Score Card	平衡计分卡
16	SI	Structured Interview	结构化面试
17	UI	Unstructured Interview	非结构化面试
18	OD	Organization Development	组织发展
19	MBO	Management By Objective	目标管理
20	JR	Job Rotating	工作轮换
21	JE	Job Evaluation	工作评价
22	OJT	On-the-Job Training	在职培训
23	ESOP	Employee stock ownership plan	员工股权计划
24	DFC	Direct Financial Compensation	直接经济报酬
25	IFC	Indirect Financial Compensation	间接经济报酬
26	NFC	No Financial Compensation	非经济报酬

读者意见反馈表

亲爱的读者：

感谢您对中国铁道出版社有限公司的支持，您的建议是我们不断改进工作的信息来源，您的需求是我们不断开拓创新的基础。为了更好地服务读者，出版更多的精品图书，希望您能在百忙之中抽出时间填写这份意见反馈表发给我们。随书纸制表格请在填好后剪下寄到：北京市西城区右安门西街8号中国铁道出版社有限公司大众出版中心 王佩 收（邮编：100054）。或者采用传真（010-63549458）方式发送。此外，读者也可以直接通过电子邮件把意见反馈给我们，E-mail地址是：1958793918@qq.com。我们将选出意见中肯的热心读者，赠送本社的其他图书作为奖励。同时，我们将充分考虑您的意见和建议，并尽可能地给您满意的答复。谢谢！

所购书名：________________

个人资料：

姓名：________ 性别：________ 年龄：________ 文化程度：________

职业：________ 电话：________ E-mail：________

通信地址：________________ 邮编：________

您是如何得知本书的：

□书店宣传 □网络宣传 □展会促销 □出版社图书目录 □老师指定 □杂志、报纸等的介绍 □别人推荐

□其他（请指明）________________

您从何处得到本书的：

□书店 □邮购 □商场、超市等卖场 □图书销售的网站 □培训学校 □其他

影响您购买本书的因素（可多选）：

□内容实用 □价格合理 □装帧设计精美 □带多媒体教学光盘 □优惠促销 □书评广告 □出版社知名度

□作者名气 □工作、生活和学习的需要 □其他

您对本书封面设计的满意程度：

□很满意 □比较满意 □一般 □不满意 □改进建议

您对本书的总体满意程度：

从文字的角度 □很满意 □比较满意 □一般 □不满意

从技术的角度 □很满意 □比较满意 □一般 □不满意

您希望书中图的比例是多少：

□少量的图片辅以大量的文字 □图文比例相当 □大量的图片辅以少量的文字

您希望本书的定价是多少：

本书最令您满意的是：

1.

2.

您在使用本书时遇到哪些困难：

1.

2.

您希望本书在哪些方面进行改进：

1.

2.

您需要购买哪些方面的图书？对我社现有图书有什么好的建议？

您更喜欢阅读哪些类型和层次的书籍（可多选）？

□入门类 □精通类 □综合类 □问答类 □图解类 □查询手册类

您在学习计算机的过程中有什么困难？

您的其他要求：